蓟县独乐寺

陈明达 著　殷力欣　丁垚等　整理校订

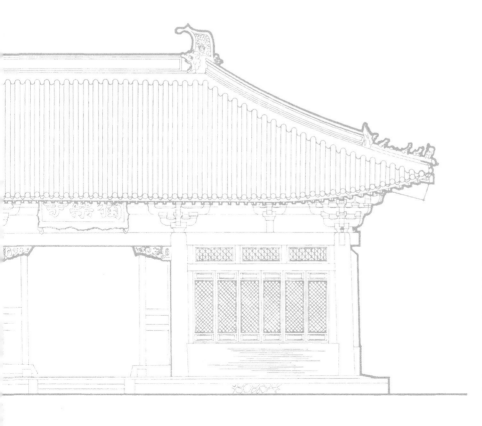

浙江摄影出版社

责任编辑：张　宇
责任校对：高余朵
责任印制：汪立峰　陈震宇
封扉设计：薛　蔚

图书在版编目（ＣＩＰ）数据

蓟县独乐寺 / 陈明达著 ； 殷力欣等整理校订. --
杭州 : 浙江摄影出版社，2024.1
ISBN 978-7-5514-4746-1

Ⅰ．①蓟… Ⅱ．①陈… ②殷… Ⅲ．①寺庙－古建筑
－研究－蓟县 Ⅳ．①TU-87

中国国家版本馆CIP数据核字(2023)第220009号

JIXIAN DULESI

蓟 县 独 乐 寺

陈明达　著

殷力欣　丁垚等　整理校订

全国百佳图书出版单位
浙江摄影出版社出版发行
　　　地址：杭州市体育场路347号
　　　邮编：310006
　　　电话：0571-85151082
　　　网址：www.photo.zjcb.com
制版：浙江新华图文制作有限公司
印刷：浙江海虹彩色印务有限公司
开本：787mm×1092mm　1/16
印张：17
2024年1月第1版　　2024年1月第1次印刷
ISBN 978-7-5514-4746-1
定价：138.00元

目　录

结语——关于建筑发展史的几个问题 / 69

参考文献 / 76

图　版 / 77

整理说明及凡例

本书原为《陈明达全集》第五卷，现作再次校订，单独发行，以飨读者。

《独乐寺观音阁、山门的大木制度》，是陈明达先生晚年的学术研究力作，大约始作于 1983 年，经多次修改，至 1990 年定稿。陈先生去世后，整理者据此增编为专著《蓟县独乐寺》，于 2007 年正式出版（2015 年第二次印刷）。

从陈先生学术生涯看，其建筑历史研究的第一本专著《应县木塔》基本上沿用梁思成、刘敦桢先生的方法而有所突破，取得了重大的研究进展；第二本专著《营造法式大木作制度研究》，基本证明了至迟在北宋时期已经存在完整的以材份为模数的建筑设计方法；而到了这本专著，似乎陈先生已经完全进入了古代建筑师的世界，不但解析着一个个技术方面的疑难，更要通过对技术问题的解析而还原到审美的文化的层面。

陈先生自信经此对独乐寺两建筑的研究，完成了其研究生涯的又一次飞跃：对应县木塔的研究，初步证明中国古代木构建筑是有设计规律可循的；撰写《营造法式大木作制度研究》，基本整理、归纳出北宋时已经存在的"以材为祖"的模数制设计方法；此篇则尝试实际应用材份制进行建筑学理论分析，遂追索出若干中国建筑在结构力学、建筑美学等方面的独到建树。陈先生的一些新发现或过去提出设想而未及全面展开的话题，如中国建筑按数字比例而非几何比例设计的问题、设计中确定标准间广材份数的问题、材份制原则可能同样适用于建筑组群布置等等，均在此有较充分的阐述。此论文最引人入胜之处在于：几乎展示了古代建筑师设计一个建筑组群的全部过程。

陈先生在晚年很注意使用本土语言从事研究，如研究雕塑史时，他强调"减地平钑""剔地起突"等语汇很难用"浮雕""圆雕"等西方术语表述清楚。在此文中，则改变过去以公制测量数据为依据的做法，强调将实测数据折合成宋尺、材份数，又使用类似某些"样式雷"图那样的方格网进行构图分析。在充分理解西方科学精神、科学方法的基础上，陈先生这种针对本土文化的独特性、使用本土语言的纵深探索，是独辟蹊径的有效尝试。

现就此专著的写作及整理、出版过程作一简要介绍。陈先生在二十世纪八十年代初完成《营造法式大木作制度研究》的撰写之后，即按照他"做二三十个建筑实例分项研究"的计划，着手做独乐寺两建筑的专题。适逢 1984 年天津方面借独乐寺千年大庆之机举行学术研讨活动，他即向组织者提交了《独乐寺观音阁、山门建筑构图分析》一文。此文是当时他研究独乐寺两建筑课题的进展记录，也可视为此专项研究课题的论文初稿（参见本书附录二），而更全面的成果展示则应属此篇《独乐寺观音阁、山门的大木制度》（定稿）。

约 1990 年 6 月，陈先生将此稿杀青并呈交文物出版社，而出版社方面却没有立即安排出版，原因是他们有一个更为周全的计划：这年的 3 月份，国家文物局已批准独乐寺维修工程立项，出版社打算待大修竣工后，将新的测绘图、修缮工程报告与这篇研究论文一并结集出版。此计划如顺利实现，势必形成一份集修缮技术档案与学术研究进展于一身的完整的独乐寺两建筑历史资料，为日后的古建筑保护和建筑历史研究树立继《应县木塔》之后的又一范例。故陈先生对此计划是全力支持的，他还希望，一旦看到新的测绘图和修缮工程报告，有可能对已完成的论文再事补充和修正。不过，直至 1997 年陈明达先生辞世，由于种种原因，修缮工程报告仍未能进入正式出版的日程安排之中。之后，文物出版社资深编辑黄逖先生将原稿退还给我自行处理。

此后，在王其亨教授的支持和具体指导下，我将这份文稿作了一次整理校订，分两期刊载于清华大学建筑学院所编丛书《建筑史论文集》第 15、16 辑。从发表之后的回馈信息看，尽管已经有部分院校和专家学者予以相当的好评和重视，但囿于该丛书发行量的限制，其影响还是小范围的、有限的。

有鉴于此，当时的中国文物研究所文物信息中心（今中国文化遗产研究院图书馆）拟将"陈明达学术思想研究"列为重要的科研课题，计划对文稿作进一步整理、编纂，以《蓟县独乐寺》为总题，列入出版计划；又经时任北京市建筑设计研究院《建筑创作》主编的金磊先生建议，为此书稿增编相关图纸和照片，按陈明达编著《应县木塔》的模式形成一部图文并茂的专著，列入"中国传统建筑经典"系列丛书出版，遂于2007年由天津大学出版社出版面世。

按照当时整理者、编辑者（王其亨、殷力欣、丁垚、温玉清等人）的设想，陈先生的这部文稿虽然研究精深而不够通俗易懂，但如果选配适当的测绘图、历史照片和当今建筑摄影师的摄影作品，未尝不是一部兼顾文化启蒙、艺术品赏、大专院校学习和学术研究等多重读者群不同需要的书稿。陈先生曾说："独乐寺的两建筑，按全国现存古代建筑年代排列，位居第七；但若论技术之精湛、艺术之品第，则应推为第一。它是现存古建筑中的上上品，是最佳典范。"（见本书附录二）

需要说明的是：此书稿自1999年开始由我整理，之后于2002年分期连载于清华大学建筑学院《建筑史论文集》第15、16辑丛书时，编者张复合、贾珺等先生予以关照，清华大学博士研究生李华东对陈先生论文中所附建筑图作必要的技术性修补；2007年增编为专著时，又经天津大学建筑学院教师丁垚先生二次校订，中国文物研究所刘志雄先生、温玉清博士协助查找历史图档；王其亨教授则于2001年、2007年二度作了文稿审定，并为2007年版专著作序；原蓟县文管所蔡习军先生自2006年起，在提供相关照片、辑录独乐寺大事记方面出力尤巨；《建筑创作》杂志社原主编金磊先生及数位摄影师、编辑等，都为此书稿的面世作出了不懈的努力。

参加此次《蓟县独乐寺》文本修订工作者，前后有殷力欣、丁垚、刘瑜、陈书砚等。此次修订大体沿袭2007年版之体例，以《蓟县独乐寺》为总题，含论文、图版、附录三部分，对文稿部分作再次校订，对图版部分作适当增删，又将作者于1984年发表的《独乐寺观音阁、山门建筑构图分析》及该文的英译本（孙增蕃原译、吴萌校订）列入附录。

编辑体例如下：

1. 研究论文《独乐寺观音阁、山门的大木制度》为此书之正文。

2. 2007年版《蓟县独乐寺》之附录《蓟县独乐寺历史大事记》（据作者手稿整理，

参照原蓟县文管所提供资料补充）列为本书附录一；增补作者 1984 年《独乐寺观音阁、山门建筑构图分析》文本及该文之英译本，列为附录二、三；王其亨教授 2007 年所作《回忆陈明达先生——〈蓟县独乐寺〉代序》一文，列为附录四。

3. 正文中的插图大部分系陈先生所绘所摄，并根据内容需要，增补若干中国营造学社图照、清代样式雷图、古建筑实例图照和相关历史文献。

4. 图版部分分测绘图、照片两类。其中测绘图主要包括中国营造学社旧图和原古代建筑修整所旧图：

a. 营造学社旧图若干帧。约绘制于 1932—1937 年 7 月 7 日之间，梁思成、莫宗江为主要绘制者，陈明达亦参与其事。这部分图稿在抗日战争期间曾存于天津麦加利银行，因洪水被淹，损失惨重，部分幸存者，系经朱启钤先生抢救，故被称为"水残资料"，是为珍贵的历史文献。

b. 部分二十世纪六十年代测绘图。自二十世纪五十年代起，古代建筑修整所（后称中国文物研究所、中国文化遗产研究院）祁英涛、梁超等又作多次测绘，陈明达先生作为这项工作的技术顾问，多次予以具体指导，并曾赴现场勘查、摄影。

照片分三部分遴选：

a. 营造学社旧照。原因同前，学社这部分照片原件幸存者极少，今除数帧为原件复制外，另有数帧系从《中国营造学社汇刊》等旧书刊中翻拍。

b. 二十世纪五十至九十年代照片。五十至六十年代的旧照，可视为营造学社此未竟事之接续，其中若干张正出自陈明达先生之手；1976 年大地震后的照片，见证了独乐寺建筑的抗震性能；1994—1998 年修缮工程照片，则是应当客观记录下来的历史资料。

c. 现状照片。陈明达作专著《应县木塔》，自信文论、测图、现状照片的三者合一为建筑历史研究与文化遗产保护的应有范例。故为其原文论选配现状照片，可视为《应县木塔》体例的接续。参加现状摄影者，先后有刘锦标、殷力欣、丁垚等。

整理校订者　殷力欣

2023 年 10 月

独乐寺观音阁、山门的大木制度

引　言

　　蓟县①独乐寺现存观音阁及山门两建筑［插图一至五］，建于辽统和二年（公元984年），在现存辽代建筑中时代最早，上距唐亡仅七十七年，其保留唐代风格较显著，自不待言，且制作精丽，堪称上乘。

　　此两建筑现存情况，在梁思成先生五十余年前所写的《蓟县独乐寺观音阁山门考》②已有介绍；现又经祁英涛同志就近三十年中陆续工作所得，再作详细补充、改正，并收入本册③。两文记叙详尽，故不再作介绍，唯对结构形式和用材尺寸，略作补充如下。

（一）关于结构形式

　　梁先生文中已指出："阁高既为三倍，柱亦为三层叠垒而上达，而各层于斗栱檐廊等部，各自齐备；故阁之三层，可分析为三个完整之结构垒叠而成。然则各层相叠之制，亦研究所宜注意。"④当时刚刚开始研究古代建筑，对《营造法式》（以下简称《法式》）理解不深，而先生以其敏锐的观察，竟已指出这种结构形式的主要特点，并提醒我们要注意研究。虽然当时并未作出肯定的结论，但对继续研究是极有启发性的指

① 蓟县，今天津市蓟州区。
② 参见：《中国营造学社汇刊》，第三卷第二期；《梁思成文集》（一），中国建筑工业出版社，1982。
③ 本文原拟收入文物出版社《蓟县独乐寺》之中，该书还计划收录一份修缮工程报告和一篇祁英涛先生介绍独乐寺研究近况的文章。后文物出版社于2007年出版杨新编著之《蓟县独乐寺》一书，以维修工程报告为主要依托构思编纂，与本文重名而学术关注点不同。
④ 同上注②。

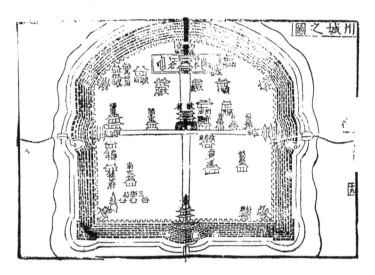

插图一　明朝蓟州州城图（据民国版《蓟县县志》摹绘）

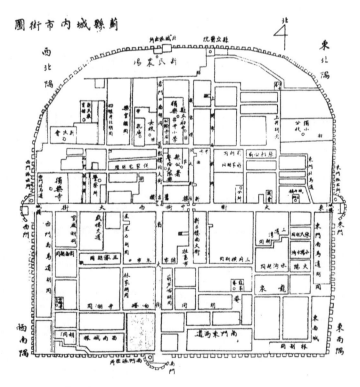

插图二　民国蓟县城图

插图三　独乐寺全景（梁思成摄于 1932 年）

插图四　山门外景（梁思成摄于 1932 年）

插图五　观音阁正面全景（梁思成摄于 1932 年）

示。现在我们终于对这种结构形式有了进一步的认识，并和《法式》中的"殿堂"结构对上了号，总算没有辜负梁先生的期望，并且可以利用《法式》的术语，对这两个建筑物作出简明、确切的描述了。

1. 山门

地盘三间四架椽，四阿屋盖。身内分心斗底槽，用三等材。殿身外转五铺作出双抄[1]，偷心造；里转出两跳。

2. 观音阁

地盘五间八架椽，重楼，厦两头屋盖。身内金箱斗底槽，用二等材。殿身下屋外转七铺作出四抄，一、三抄偷心，二、四抄计心，重栱造；里转出两跳。平坐外转六铺作出双抄，计心重栱造。上屋外转七铺作双抄双下昂，一、三抄偷心，二、四抄计心，重栱造；里转出一跳。

（二）关于用材尺寸

据 1932 年测量记录，观音阁用材 24 厘米 ×16 厘米，此数直至我研究《法式》大木作制度时，仍沿用着。现在发现这是不准确的。据文物保护科学技术研究所 1963 年以来多次测量核对，始知全阁用材出入甚大，其详细数字如下。

表 1 观音阁、山门实测材栔尺寸

类型		材（高×宽）		栔高		足材高		相当《法式》材等
		厘米	宋尺（寸）	厘米	宋尺（寸）	厘米	宋尺(寸)	
观音阁	上屋	26×18	8.125×5.625	12.5	3.906	38.5	12.031	二
	平坐	23.5×16	7.343×5.00	11	3.437	34.5	10.781	三
	下屋外檐	27×18	8.4375×5.625	11.5	3.597	38.5	12.031	二
	下屋身内	25.5×18	7.968×5.625	13	4.062	38.5	12.031	二
山门		24×17	7.5×5.3125	12.5	3.906	36.5	11.406	三
说明：本文中宋尺均按每尺等于 32 厘米计。								

---

[1] 在使用"抄"或"杪"的问题上，陈明达先生认为"抄"字无误，并为此撰文辨析，见《建筑学报》1986 年第 9 期所载文《"抄"？"杪"？》。

　　如表所示，只有山门和观音阁平坐用材近于旧测数字，观音阁上屋、下屋用材均超过旧测甚多。怎么会产生这样的错误呢？这就需要回顾一下我们初期的研究情况。独乐寺是当时开始实测的第一处辽宋建筑物，那时所熟悉的是明清时期的建筑，对早期实例缺乏具体的认识；《法式》的研究也刚刚开始，对材份①的概念还不明确。因此，测量是按照对明清建筑的理解进行的，即以斗口为度量的标准，并且认为同一座房屋的斗口必定是一致的，这就不可避免地产生了一些缺点和疏忽之处。加以观音阁本身的现实条件最便于测量平坐，在下檐屋面上、在平坐暗层内，无须脚手架即可仔细测量各个部位，以致用材的资料都来自平坐，没有注意到上屋、下屋用材都大于平坐。直到次年为了制造模型，需补充一些详细数据，再去补测时，仍未发现这一错误。所以，我们制造的第一个古代建筑模型——独乐寺观音阁——的材份数是不正确的，同时，也还不知道柱子有生起。

　　此后对材份制虽有了较深的认识，但仍然认为每座房屋所用的栱方断面都恰好是一材，在实测时虽然常常发现栱方的大小有出入，却一概归之于施工的误差和木材年久涨缩所致。所以一般总是满足于测量若干个数据，取用其平均数为标准，而仍未进行深入的观察。首先看到这个问题的是祁英涛同志，他在测量新城开善寺大殿时发现每朵铺作用材从下至上逐铺减小②，而栔高则逐铺增高，使足材高均相等。所以用材不一致，不完全是施工误差或木材涨缩的缘故，有时是一种有意识的安排。如上所述，可见观音阁材份测量的错误，是在研究工作由浅入深的过程中发现的，这是我们必须汲取的经验教训：随着认识的提高，对已测量过的实例应当复测或补测。测量的结果，是研究工作的基本资料，应当不断地充实和修正。

　　殿堂结构形式的实物迄今只有十例：晋祠圣母殿、永寿寺雨华宫，此两例为单槽；独乐寺山门、善化寺山门，此两例为分心斗底槽；佛光寺大殿、独乐寺观音阁、下华

---

① 现通用"材分"，但陈明达先生主张用"材份"。他在《营造法式大木作制度研究》中作注："《法式》中'分寸'的'分'和'材分'的'分'同用一字，本文将'材分'的'分'一律改用'份'，以免混淆，但引用原文时仍用原字。"

② 祁英涛：《河北省新城县开善寺大殿》，《文物参考资料》1957年第10期。

严寺薄伽教藏殿、隆兴寺摩尼殿、应县木塔及玄妙观三清殿等，此六例为金箱斗底槽。而其中的观音阁、应县木塔，又为仅有的两座多层殿阁。所以对独乐寺两建筑的研究，对殿堂分心斗底槽、殿阁金箱斗底槽两种结构形式，有着更为重要的意义。［插图六、七］

拙作《营造法式大木作制度研究》①（以下简称为《大木作研究》），对古代材份制及厅堂、殿堂两种结构形式已经取得基本的理解，并可推断此种制度至少可上溯至唐代早期，但仍有许多细节有待逐步阐明。这两个早于《法式》百余年的建筑，是如何应用材份制进行设计的？它所用的材份数与《法式》有何异同？能否从中找出一些《法式》的缺漏？建筑规模、结构形式、间广、椽长，是如何被拟定的？尤其楼阁层高，为《法式》中所缺，仅在《应县木塔》②（以下简称为《木塔》）的分析中略知梗概，且孤例不足为据，希望在观音阁中能取得佐证。

本文主要意图，即在对上列诸问题取得解答，是我继《大木作研究》《木塔》两书之后，对古代大木作材份制的继续探讨。因此，在分析过程中也必将利用两书中的研究成果，以既知的《法式》材份制为出发点。但为了节省篇幅，将不一一引用原文，希读者谅解。

又，古代建筑都是由若干单体建筑组合成的组群。目前所掌握的实例中，只有大同善化寺、正定隆兴寺、应县佛宫寺三处尚存原组群形式。独乐寺是现存辽代建筑中最早的范例。它仅有一阁一门［图版2、76、77］，尚谈不上组群，但这一阁一门的距离，仍不失为研究组群的一项有用的资料：自阁前檐柱中至山门后檐柱中27.40米，以阁的材等计为1612份，合107.5材；阁的总进深为55材，即阁、门的距离为阁总进深的1.95倍。当时我们对组群的布局制度的认识几乎是空白，仅于《营造法原》③中以歌诀的形式，记有天井比例是房屋进深的倍数，正厅前的天井是进深的两倍、神殿前的天井是殿进深的三倍等等。姑志于此，以备参考。

---

① 陈明达：《营造法式大木作研究》，文物出版社，1981。该书于1993年再版，更名为《营造法式大木作制度研究》，后编为《陈明达全集》第六卷（浙江摄影出版社，2023）。

② 陈明达：《应县木塔》，文物出版社，1980。后编为《陈明达全集》第四卷。

③ 姚承祖原著、张至刚增编《营造法原》第二章五《天井比例》，建筑工程出版社，1959。

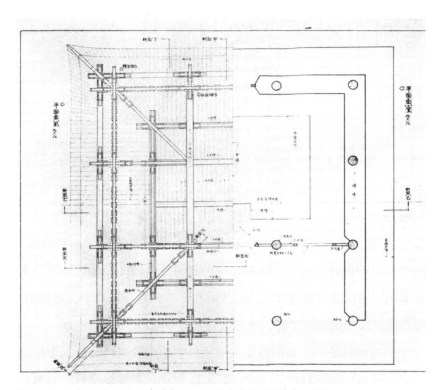

插图六　殿堂结构形式之单槽实例　雨华宫平面图（莫宗江绘）

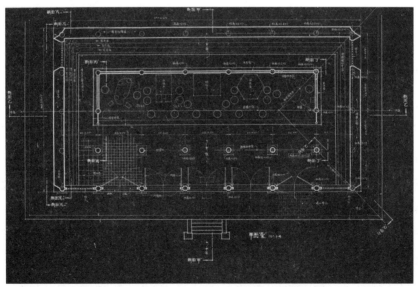

插图七　殿堂结构形式之金箱斗底槽实例　佛光寺东大殿平面图（莫宗江绘）

一、实测用材等第及材份数

《法式》大木作制度系"以材为祖"①,"凡屋宇之高深,名物之短长,曲直举折之势"②都是按材份作出标准规定,同时又规定出允许增减的幅度。因此,确定用材标准,是大木作制度的首要问题。独乐寺两建筑用材已详见表1。其中山门用材仅只一种,当然它就是标准材。观音阁有四种大小不同的材,这只能是施工时量材施用的结果,而不可能是有意识的设计。为一座殿阁作四种不同尺度设计,是徒增繁乱无补于实际的。它必定要用一种标准尺度设计,然后才能在标准和增减幅度下去量材施用。所以,我们首先要找出设计所用的标准材,才能进行其他分析。

在表1中平坐用材最小。我们假定全部用料中的多数应符合或近于标准材,那么估计全平坐用料只占全阁用料的三分之一,可以暂定它不是标准材。其他三种材,厚均为18厘米,足材高均为38.5厘米。两项数字既如此一致,其用量又占全阁的三分之二,似可肯定此材厚及足材高是标准数。于是,我们所需判断的,仅是三种单材高中哪一个数字是标准。

三种单材分别高27、26、25.5厘米,其中以27厘米最高,但用量只限于下屋外檐,仅占全阁用料的六分之一,又可暂定它不是标准材高。其次高26、25.5厘米的两种材,相差仅0.5厘米,在大木施工上是微不足道的,可以认为是同一个材等,两者用量共占全阁用料的半数,所以它应是标准材。但究竟哪个数字更接近原定标准数,是极难断定的。在目前既无更可靠的依据,我采用这样的方法:将所有实测数字都换算成材份数,看哪个数字换算出的份数较为整齐,就以之为标准数。按材高26厘米,

① 李诫:《营造法式(陈明达点注本)》第一册卷四《大木作制度一·材》,浙江摄影出版社,2020,第73页。
② 同上书,第75页。

即每份 1.733 厘米；材高 25.5 厘米，则每份 1.7 厘米。

现即以间广、进深实测数为例，按此两种份值换算成份数如表 2。

表 2　观音阁两种份值的间广、进深份数比例

类型	间广						进深					
	柱脚			柱头			柱脚			柱头		
	实测数（厘米）	份数		实测数（厘米）	份数		实测数（厘米）	份数		实测数（厘米）	份数	
		份值 1.733	份值 1.7		份值 1.733	份值 1.7		份值 1.733	份值 1.7		份值 1.733	份值 1.7
下屋心间	472	272	278	467	269	275	370	213	218	370	213	218
次间	432	249	254	431	248.5	254						
梢间	342	198	201	332	192	195	340	197	200	332	192	195
总广	2020	1166	1188	1993	1150	1172	1420	820	835	1404	810	826
平坐心间	461	266	271	454	262	267	370	213	218	370	213	218
次间	431	248.5	254	431	248.5	254						
梢间	298	172	175	298	172	175	298	172	175	298	172	175
总广	1919	1107	1129	1912	1103	1125	1336	770	786	1336	770	786
上屋心间	454	262	267	452	261	266	370	213	218	366	211	215
次间	431	248.5	254	430	248	253						
梢间	298	172	175	293	169	172	298	172	175	293	169	172
总广	1912	1103	1125	1898	1095	1116	1336	770	786	1318	760	775

表中显示出按份值 1.7 厘米换算出的份数，有较多的数据近于材的整倍数。如次间、梢间广 253 份、254 份、195 份，分别等于或近于 17 材（255 份）、13 材（195份）；下屋总广、总进深 1172 份、826 份，分别近于 78 材（1170 份）、55 材（825 份）等等。而以份值 1.733 厘米换算所得份数中，较少近于材的整倍数。考虑到材在当时是设计的主要标准，可以认为换算成份数后，较为整齐、接近材的整倍数的数字，是较合理、较接近于当时实际使用的标准，即单材高 25.5 厘米，其栔高 13 厘米。

山门用材较观音阁整齐划一，没有过大的参差现象。单材 24 厘米 ×17 厘米，栔高 12.5 厘米，足材高 36.5 厘米。按材高的 1/15，每份为 1.6 厘米。

两建筑用标准材尺寸如表 3。

表 3 标准材

类型		份值	材高	材厚	栔高	足材高
观音阁	厘米	1.7	25.5	18	13	38.5
	份		15	10.6	7.6	22.6
山门	厘米	1.6	24	17	12.5	36.5
	份		15	10.6	7.8	22.8

如表所示，两建筑用材的差别，似可断定当时已有划分材等的制度。不过当时各材等的具体尺度共分几等，现在还缺乏可靠的依据。为了研究方便，暂以《法式》为准，观音阁材高折合宋尺 8 寸弱，与《法式》二等材高 8.25 寸相近；山门材高折合宋尺 7.5 寸，恰等于《法式》三等材。

现在，我们就按表 3 所列份值，将各项主要实测数折合成材份数，列为表 4 ～ 11。表中换算出的份数，一般按四舍五入合成整数，各数之和与总数有出入时，视具体情况略作调整。例如各间间广之和与总间广有出入时，即以总间广为据，酌量调整各间间广份数。

表4 间广、进深实测材份

（单位：厘米／份）

类型				间广		进深	
				柱脚	柱头	柱脚	柱头
观音阁	下屋		心间	472/278	467/275	370/218	370/218
			次间	432/254	431/254		
			梢间	342/201	332/195	340/200	332/195
			总广	2020/1188	1993/1172	1420/835	1404/826
	平坐		心间	461/271	454/267	370/218	370/218
			次间	431/254	431/254		
			梢间	298/175	298/175	298/175	298/175
			总广	1919/1129	1912/1125	1336/786	1336/786
	上屋		心间	454/267	452/266	370/218	366/215
			次间	431/254	430/253		
			梢间	298/175	293/172	298/175	293/172
			总广	1912/1125	1898/1116	1336/786	1318/775
山门			心间	610/381	606/378	442.5/276.5	431/269
			次间	523.5/327	505/316		
			总广	1657/1035	1616/1010	885/553	862/538

表5 柱高实测材份

（单位：厘米／份）

类型		正面		角柱	侧面	
		平柱	生起		平柱	生起
观音阁外檐	下屋	406/239	14/8	420/247	415/244	5/3
	平坐	248/146	9/5	257/151	253/149	4/2
	上屋	278/164	7/4	285/168	283/167	2/1
观音阁屋内	下屋	429/252		431/253	431/253	
	平坐	253/149		253/149	253/149	
	上坐	284/167		287/169	287/169	
观音阁总计			30/17			11/6
山门		434/271	8/5	442/276	437/273	5/3

表6　层高、总高实测材份　　　　　　　　　　　　　　（单位：厘米／份）

类型		平柱净高	柱（檐）下铺作高	柱下普拍方高	层高（前三项合计）
观音阁外檐	下屋	406/239			406/239
	平坐（屋盖）	248/146	200/118		448/264
	上屋	278/164	144/85	17/10	439/259
	屋盖（橑檐方至中平槫）		221/130	（举高）211/124	432/254
	屋盖（中平槫至脊槫）			（举高）248/146	248/146
	总高				1973/1162
观音阁屋内	下屋	429/252			429/252
	平坐	253/149	160/94	17/10	430/253
	上屋	284/167	144/85	17/10	445/262
	藻井		（井下铺作）239/140	（藻井）192/113	431/253
	总高				1735/1020
山门	平柱	434/271			434/271
	屋盖		174.5/109	（举高）264.5/165	439/274
	总高				873/545
附塑像高：观音阁十一面观音像高 1525/897，胁侍菩萨高 306 ~ 320/180 ~ 188，坛座高 68/40，山门金刚像高 445 ~ 450/278 ~ 281，砖座高 40/25。					

　　观音阁用二等材，山门用三等材，即门屋用材减殿身一等。按《法式》卷四"右殿身九间至十一间则用之"，此条有注："若副阶并殿挟屋，材分减殿身一等，廊屋减挟屋一等，余准此。"[①]即在一个组群之内的各个建筑，按其主次使用不同材等。但其中未提到门，仅在《法式》卷十三"垒屋脊"篇"门楼屋"条下注曰"其高（正脊高——陈明达注）不得过厅，如殿门者依殿制"[②]，透露出门制可能是减殿身一等。然则辽代建筑组群用材，已有此种制度。

---

① 李诫：《营造法式（陈明达点注本）》第一册卷四《大木作制度一·材》，第74页。
② 同上书，第二册卷十三《瓦作制度·垒屋脊》，第53页。

至于观音阁平坐用材高 23.5 厘米，合宋尺 7.34 寸，在《法式》三、四等材之间，实际小于阁身标准材一等。在《大木作研究》中，曾就副阶材减一等的制度，阐明用下一等材代替上一等材，并不影响结构安全。加以此阁平坐逐间均用补间铺作内外相连制作，较上下屋铺作层构造更为坚强，材减一等是可以允许的。它反映出在《法式》以前，材减一等的应用范围较为广阔、灵活，有利于量材施用。

表 7　椽平长、举高实测材份　　　　（单位：厘米 / 份）

类型		总计	出跳及椽平长、举高				
			出跳总长	下平槫	中平槫	上平槫	脊槫
观音阁下屋	橑檐方至脊槫心长	200/118	166/98				34/20
	举高（41%）	82/48					82/48
观音阁上屋	前后橑檐方心长	849/499	190/112	137/81	156/92	183/107	183/107
	举高（54%）	459/270		132/77	79/47	107/63	141/83
山门	前后橑檐方心长	515/321.5	84/52.5	187/117			244/152
	举高（51.3%）	264.5/165		117.5/73			147/92

表 8　檐出、出际、生出、脊槫增长实测材份　　　　（单位：厘米 / 份）

类型		檐出	飞子出	檐飞合计	出跳	总檐出
观音阁	下屋	105/62	45/27	150/89	166/98	316/187
	生出	40/24	45/26			
	上屋	97/57	45/26	142/83	190/112	332/195
	生出	53/31	50/29			
	出际			143/84		
山门	檐出	118/74	57/36	175/110	84/52.5	259/162.5
	脊槫增长			81/51		

表9　檐高实测材份　　　　　　　　　　（单位：厘米／份）

类型		层高	铺作高（至橑檐方背）	檐高（前两项合计）	檐出总计	檐高／檐出
观音阁	下屋	406/239	258/152	664/391	316/187	100/48
	上屋	439/259	221/130	660/389	332/195	100/50
山门		434/271	174.5/109	608.5/380	259/162.5	100/42.5

　　观音阁、山门用材应是有意识的安排，它将尺寸较为接近的料分为五组，以尺寸最小的一组用于观音阁平坐，次一组用于山门，其他三组分别用于观音阁下屋身内、上屋及下屋外檐，又因这三组的尺寸相差不很大，只需各配以不同的栔高，就可以使足材均取得相等的高度。这种用材不一致的现象，应与原材料有关，例如《法式》卷二十六中之"大木作料例"，共有十四种木材规格，其中每一种都不是固定的、绝对的尺寸。如："小松方：长二丈五尺至二丈二尺，广一尺三寸至一尺二寸，厚九寸至八寸。"[①]长、宽、高都有一个伸缩的幅度。据此理解当时林场采伐加工所生产出的方料，只有一个大致的规格，每项工程所选购的材料，只能大致相符，难于完全吻合某一绝对规格。于是如何使用这些材料，其责任就在于主持工程的匠师了。例如将上述小松方分割为二，得广九寸至八寸，厚六寸五分至六寸，其高度有一寸、厚度有五分的出入，是否均可充一等材栱方用呢？这就需要量材施用，使规格相差不大的料，都能被适当使用。

　　从独乐寺可看到上述情况在《法式》以前就已存在，并且，从观音阁和开善寺大殿看到对两种不同形式的房屋采取了两种不同的措施。开善寺大殿是单层房屋，用厅堂结构形式，它将较大的料用于铺作的下部，较小的料用于上部；观音阁是多层房屋，用殿堂结构形式，它是将规格不同的料分成几组，按上屋、下屋、平坐或楼外檐、身内等不同部位使用。这种量材施用的方法，可以避免将尺寸略小的料废弃不用，也

[①] 李诫：《营造法式（陈明达点注本）》第三册卷二十六《诸作料例一·大木作》，第64页。

不必将尺寸略大的料加工做小，是非常合理的。从而有可能材减一等的制度是由此产生的。

两建筑用材广厚比均为 15 ： 10.6，亦即 $\sqrt{2}$ ： 1；栔高为 7.6 份及 7.8 份。其材厚、栔高均超过《法式》材厚 10 份及栔高 6 份的规定。在《大木作研究》中也曾发现早期实例材厚大多超过 10 份，或有达到 11 份的，栔高以 6.5 ～ 7.5 份为最多，最大有达 8.7 份的。所以有一个显著的发展趋势，材厚、栔高由唐及宋是逐渐减小的。目前虽无从证明这个变化的经过，但方料截面的高厚比为 $\sqrt{2}$ ： 1 是合乎力学原则的。在唐辽建筑中这个比例不但用于方料截面，在一些平面、立面构图中也常常遇到，似是一种广泛使用的比例。使用既多，为了方便化零为整，成为 3 ： 2，当是情理中事。至《法式》时期，才明文规定材高 15 份、材厚 10 份。至于栔高，如前所叙观音阁三种材高各配以三种不同栔高，使足材高度划一。它有调节足材高的作用，波动幅度较大。但山门材高大体一致，栔高调节足材高的作用很小，而竟高达 7.8 份，这就应另求解答了。可惜目前还无法正确地解答这个问题，仅有一个主观设想：按观音阁的情况估计，栔高在早先有可能是 7.5 份，即半材高，这在应用上也有其便利之处。

表10　铺作总高及出跳实测材份

（单位：厘米／份）

类型			铺作总高	出跳					扶壁栱高
				第一跳	第二跳	第三跳	第四跳	总计	
观音阁	外檐外跳	下屋	258/152	49/29	34/20	42/25	41/24	166/98	单栱四方
		平坐	144/85	45/26	34/20	33/19		112/65	单栱三方
		上屋	221/130	50/29	36/21	50/30	54/32	190/112	单栱四方
	外檐里跳	下屋	200/118	48/28	37/22			85/50	
		平坐	144/85	（方木）					
		上屋	161.5/95	47/28				47/28	
	身内里跳	下屋	160/94	48/28				48/28	单栱四方
		平坐	144/85	（方木）					单栱三方
		上屋	161.5/95	49/29				49/29	单栱四方
	身内外跳	下屋	160/94	48/28	37/22			85/50	
		平坐	144/85	50/29	28/17			78/46	
		上屋	238.5/140	43/25	41/24	41/24	37/22	162/95	
山门	外檐	外跳	174.5/109	50/31	34/21			84/52	单栱至方上用承椽方
		里跳		49/31	39/24			88/55	
	补间	里跳		48/30	46/29	46/29	47/29	187/117	
	身内	外跳		48.5/30	38/24			86.5/54	单栱三方
		里跳		48.5/30	38/24			86.5/54	

说明：

1. 铺作总高：外檐外跳均自栌斗底至橑檐方背。外檐里跳、身内里外跳均自栌斗底至上跳平棊方背。

2. 观音阁上屋外檐及身内，铺作扶壁栱缝均高200/118，山门身内扶壁栱缝高144/90。

3. 外檐向屋外一面，身内向内槽一面，均称为外跳。观音阁平坐铺作里跳均用方木。柱头铺作要头与铺版方相列，铺版方下相间一足材又用方一条，均与外檐身内相连制作。心间铺版方用足材，余均单材。

4. 观音阁心间平坐出头木长82/48，其余各间均长25/15。

5. 山门转角斜缝里转出五抄承下平榑交点。斜角栱实长自下至上分别为71/44、49.5/31、47.5/30、46/29、52/32。

表 11 主要构件实测材份 （单位：厘米 / 份）

类型	观音阁			山门		
	高（或径）	厚	长	高（或径）	厚	长
柱	50/30			50/31		
榑	35/21					
橑檐榑	32/19			35/22		
椽	15/9			12/8		
四椽栿	57/33	28/17	732/430			
四椽明栿	39/23	31/18	732/430			
明乳栿	39/23	25/15	332/195	50 ~ 55/31 ~ 34	30/19	
草乳栿	41/24	26/15	293/172			
平梁	45/26	24/14	366/215	49/31	30/19	
平坐地栿	27/17	18/10.6				
檐柱上承椽方				52.5/33	18/10.6	
替木	17/10	18/10	208/122	8 ~ 10/ 5 ~ 6		
普拍方	18/10	36/21				
平坐普拍方	18/10	31/18				
阑额	34/20	17/10		40/25	17/10	
平坐阑额	26/15	18/10				
栌斗	30/18	55/32	55/32	33/21	52/32	52/32
小栌斗	24.5/14.5	51/30	44/26	26/16	43/27	43/27

说明：

1. 观音阁栌斗：总高 30/18，耳 11/6.3，平 9/5.0，欹 10/6。

2. 观音阁小栌斗：总高 24.5/14.5，耳 8.5/5，平 6/3.4，欹 10/6。

3. 山门栌斗：总高 33/21，耳 11/7，平 8/5，欹 14/9。

4. 山门小栌斗：总高 26/16，耳 8/5，平 7/4，欹 11/7。

二、规模、形式及标准间广

在《大木作研究》中，我曾阐明房屋的规模"是由间椽、材份、材等三个因素决定的"[①]。独乐寺两建筑的现状及各项实测数字，已详前节及表4～11。本节拟就现状实测结果讨论两个问题：探索设计之初是根据什么确定间椽形式的；确定哪个间广是"柱高不越间之广"的标准间广。

（一）观音阁五间八椽

观音阁的内槽设佛坛，上立观音像［插图八至一○］及左右胁侍菩萨；外槽四壁绘十六罗汉像，均应是当时的原布置形式［图版163～188］。观音立像高约16米，两胁侍仅高3米余。观音像在平面上约占用一间两椽面积，坛座占用两间三椽面积。在内槽坛座前方留有一椽深，左右多留有半间广的余地，以供瞻仰活动。如此布置，内槽三间四椽的面积，使用恰当、紧凑，不能再小。外槽壁面既作壁画，即须有观赏壁画的地位，有一间或两椽是足敷使用的。而且，似乎原设计就不拟在外槽另设塑像，因此外槽深度较窄狭。可见五间八椽，就是据此而定的。观音主像宽略小于一间，其高约四倍于宽，应为当时塑师所掌握，间广既约等于层高，则可知阁内部空间应有四个层高，才能容纳观音主像。所以必须是楼阁形式，上、下屋各有两个层高。又按《大木作研究》，五间八椽房屋平面长宽比约为3：2，适宜于用厦两头屋盖；重楼内部既安置高达16米的巨像，又必

[①] 陈明达：《营造法式大木作制度研究》，文物出版社，1993，第30页。原稿为"房屋规模一般决定于三个因素：间椽、材份、材等"。

插图八　自山门远望上层观音像正面（陈明达摄于二十世纪六十年代）

插图九　上层观音像正面（陈明达摄于二十世纪六十年代）

插图一〇　观音阁内景　十一面观音立像（陈明达摄于二十世纪六十年代）

须是一个通联上下屋的高旷空间，在当时的结构形式中，只有用殿堂结构形式，地盘金箱斗底槽，才能胜任。

（二）山门三间四椽

据《法式》卷十三"垒屋脊"篇，"门楼屋一间四椽"[①]，门楼屋小至一间仍用四椽，因门系安于纵中线，而内外均需有两椽空间，故四椽可能为最小限度，为定法。又据现存辽宋建筑，如佛宫寺、善化寺山门五间四椽，隆兴寺山门五间六椽，颇疑山门规模与全寺规模是相适应的。佛宫寺主体建筑为高五层的释迦塔，塔后原有大雄殿九间；善化寺有两重大殿，左右文殊、普贤阁；隆兴寺亦两重大殿，后有佛香阁，左右有转轮藏殿、慈氏阁。此三寺的全寺规模均较大，故用五间四椽或六椽山门。而独乐寺主体建筑可能仅一观音阁，故山门只用三间四椽。山门心间安版门，为全寺出入孔道，两个前次间各塑金刚像一躯，两个后次间各于壁面上绘天王像二身，故文献中有合称为"天王殿山门"的，也可见其布置之紧凑。

本来三间四椽房屋的平面长宽比较近于 3：2，只宜用厦两头屋盖。但此门以其需安装较大的双扇版门［插图一一至一四］，及次间需安置较大的金刚塑像，正面各间需用较大的间广，致平面长宽比近于 2：1，则宜于用四阿屋盖。门屋既需在纵中线安门，在殿堂结构形式中宜用地盘分心斗底槽，又是必然的结果。

至于用材等第，据《法式》制度，殿身五至七间用二等材，三至五间用三等材，殿三间、厅堂五间用四等材。即殿身五间可以用二等材或三等材，殿身三间可以用三等材或四等材。实际阁用二等材，山门用三等材。可能因为阁是多层建筑，故取用较大材等，而山门用材减阁一等。

综上所述，可知初步设计时，只需依据建筑物的使用要求，便可确定间椽数，并

---

① 李诚：《营造法式（陈明达点注本）》第二册卷十三《瓦作制度·垒屋脊》，第52页。

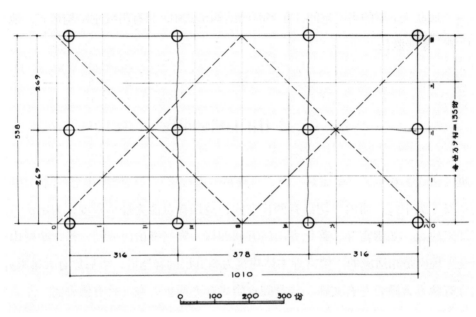

插图一一　山门平面分析图（陈明达绘）

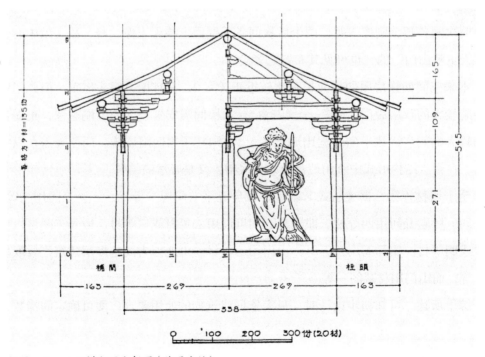

插图一二　山门横断面分析图（陈明达绘）

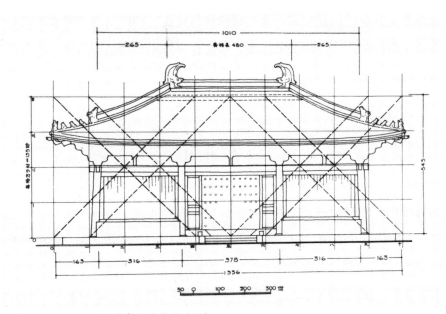

插图一三　山门正立面分析图（陈明达绘）

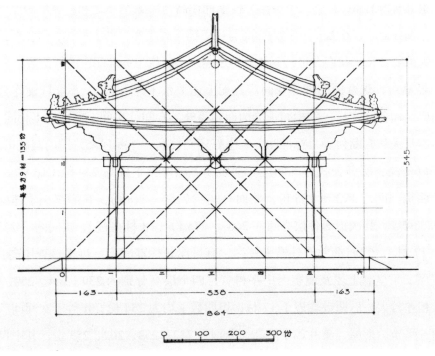

插图一四　山门侧立面分析图（陈明达绘）

且由间椽数产生一定的屋盖形式。而当时间椽与柱高、楼阁层高、屋盖形式、结构形式等，都有一定的制度。一经决定间椽，其他各项几乎是必然的结果。这应归功于当时建筑设计的标准化。

（三）标准间广

确定标准间广的材份数，是古代建筑设计的重要问题。按照《法式》的制度，间广是根据每间用铺作朵数制定的，即铺作每朵广 125 份 ±25 份，用一朵补间铺作，间广 250 份 ±50 份，用两朵补间铺作，间广 375 份 ±75 份。并规定柱高"不越间之广"，使平面与高度有一定的比例关系。又据对应县木塔的分析，得知下檐柱高也就是层高；单层房屋总高为两个层高，并以四椽屋为标准，第一个层高即下檐柱高（因此，这个下檐柱高也是标准柱高），第二个层高为柱上铺作高与屋盖举高之和；多层房屋下檐柱以上至屋盖铺作以下各个层高，均为柱高与柱下铺作高之和。如上所述，可见标准间广在设计时的重要意义，我们在进行其他分析之前，必须找出标准间广的材份数。

但经核对，观音阁的铺作与间广并无上述关系（详下文），不能以铺作朵数找出标准间广。而各间之广，除梢间正侧两面相等外，心间、次间、侧面均不相同［表 4］，从间广本身无从判断何者是标准间广。幸好还有柱高"不越间之广"的制度可以利用，反过来以柱高、层高去找标准间广。据表 5 下屋外檐平柱高 239 份（16 材），查表 4 各层正面梢间间广 172 ～ 195 份，侧面心间广 215 ～ 218 份，它们都小于柱高，不可能是标准间广。其次正面各层心间广 266 ～ 275 份（18 材左右），次间间广 253 ～ 254 份（约 17 材），它们都大于外檐平柱高，有可能是标准间广。再来核查层高：据表 6 外檐下屋、平坐、上屋及屋盖至中平槫背，四个层高分别为 239、264、259、254 份，前两数相差较大，后两数均近于 17 材，但四数平均为 254 份，正等于次间间广。屋内的下屋、平坐、上屋、藻井四个层高，分别为 252、253、262、253 份，其中仅上屋偏高，其平均数则为 255 份，恰合 17 材。因此可以确定观音阁次间间广 17 材是标准间广。各项资料虽略有出入，但相差仅 1.2%～1.6%，在大木施工中可不计较。只有下屋及平坐外檐相差近 1 材，将于下文"断面、立面设计构图"中另作分析。

山门正面心间广 378 份，合 25 材 3 份；次间广 316 份，合 21 材 1 份；侧面间广 269 份，合 18 材欠 1 份，均接近整材数［表4］。平柱高 273 份，合 18 材 3 份［表5］。总高自地面至脊槫 545 份［表6］，正为平柱高的 2 倍。这很明显，山门的标准间广是侧面间广 18 材。

从以上分析中，我们看到每座房屋中的标准柱高、层高极为明确，尤其多层房屋的每个层高都等于标准柱高，实际材份数非常稳定，不像间广那样参差不等。所以根据标准柱高、层高，不难找出各个建筑的标准间广。因此，又引起了对《法式》原文的理解问题。现在一般认为"下檐柱虽长，不越间之广"[①]，含有按标准间广确定柱高的意义；但依据现存实例，间广自心间至梢间以至侧面，各间出入较大，而与下檐柱高相近的标准间广又无固定位置，如观音阁是次间广，山门是侧面间广。既然层高比较明确稳定，是否设计时也可先定标准柱高，再据以定标准间广？从而"柱高不越间之广"，只是泛述柱高与间广的关系？这个问题将于下文讨论立面断面时，再加论述。

现再就观音阁、山门标准间广与铺作并无关系的问题，略作补述。

《法式》制度中有多处涉及铺作与房屋规模的关系。首先就是铺作朵数与间广关系。山门侧面间广 269 份、正面次间广 316 份，观音阁下屋心间广 275 份、平坐心间广 267 份、次间广 254 份等等，均各用补间一朵，虽可认为同于《法式》制度，但其他各间则完全不同。山门心间广 378 份，仅用补间一朵；观音阁下屋全部不用补间；平坐梢间间广 175 份，亦用补间一朵等等，均不符《法式》规定。故从全体看，当时铺作朵数与间广尚无一定关系，并不是按铺作朵数制定间广。

再看平坐梢间广 175 份，依《法式》制度每朵铺作净广 96 份，本是安放不下一朵补间铺作的。但它采用减铺、减跳、单栱等措施，使能安放下一朵补间，进一步说明了当时铺作构造形式远较《法式》时期灵活多样，不但铺作不限定间广，反是铺

[①] 李诫：《营造法式（陈明达点注本）》第一册卷五《大木作制度二·柱》，第 102 页。

插图一五　三间小殿用七铺作的实例　华林寺外观（殷力欣补摄）

插图一六　华林寺外檐铺作层（殷力欣补摄）

作要用各种方法适应间广。

《法式》还确定了铺作最外一跳之上，需用令栱、耍头承橑檐方，从而固定了出一跳四铺作至出五跳八铺作的关系；同时又规定若铺作数多，"……或里跳减一铺至两铺"①，《大木作研究》阐明了这是由于铺作里转出跳与槽深（即梢间广）应有恰当的比例关系，即外转出四或五跳，里转应出三跳，槽深需375份。这就使铺作的铺数与房屋的深（即椽长）也有一定的关系，而影响到房屋的规模。如观音阁铺作里转出跳并无此种限制，上屋外转出四跳，里转出一跳，并不产生里跳太远、需加大槽深的问题。可见早期铺作，铺数与椽长也没有互相制约的关系。所以梢间间广仅195份或172份，却能用七铺作。证以时代相近的实例如华林寺大殿、镇国寺大殿、保国寺大殿，都是三间小殿使用七铺作［插图一五、一六］。综上所述，可证在《法式》以前用铺作朵数、铺数，均与房屋规模——间、椽——无关。

① 李诫：《营造法式（陈明达点注本）》第一册卷四《大木作制度一·栱》，第76页。

三、平面设计构图

　　平面各项实测材份详见表4。据表归纳观音阁各项材份，可以看到下列各种现象
[插图一七]。

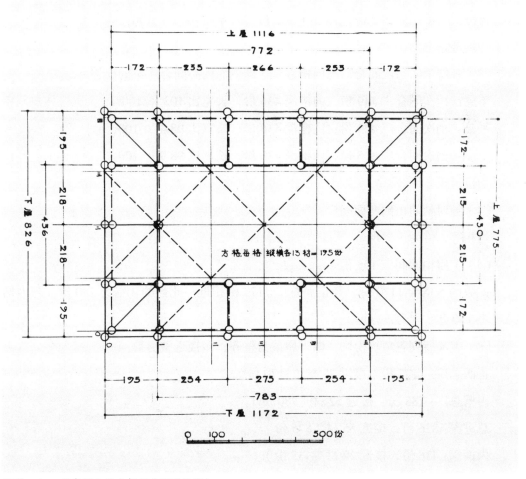

插图一七　观音阁平面分析图（陈明达绘）

（1）各层面广总数与进深总数的比例

下屋：总面广1172份，总进深826份，长宽比141.9：100。

平坐：总面广1125份，总进深786份，长宽比143.1：100。

上屋：总面广1116份，总进深775份，长宽比144：100。

均近于$\sqrt{2}$：1或3：2。

（2）各层内槽总广（亦即正面心次间合广）与总进深的比例

下屋：内槽总广783份，总进深826份，长宽比94.8：100。

平坐：内槽总广775份，总进深786份，长宽比98.6：100。

上屋：内槽总广772份，总进深775份，长宽比99.6：100。

均接近正方形。

（3）各层梢间与次间合广与内槽进深（即侧面两心间合广）的比例

下屋：梢次间合广449份，内槽深436份，长宽比103：100。

平坐：梢次间合广429份，内槽深436份，长宽比98.4：100。

上屋：梢次间合广425份，内槽深430份，长宽比98.9：100。

均接近正方形。

（4）各层梢间正侧两面间广

均相等，恰为正方形。

（5）下屋梢间间广195份

此数的6倍为1170份，与正面总广1172份相近；此数的4倍为780份，与内槽总广783相近。均为正方形。

（6）表4所列各项材份数，以下屋最为整齐，多接近整材数

正面总广：1172份，接近78材（1170份）。

内槽总广：783份，接近52材（780份）。

总进深：826份，接近55材（825份）。

内槽深：436份，接近29材（435份）。

心间间广：275份，接近18材（270份）。

次间间广：254 份，接近 17 材（255 份）。

梢间间广：195 份，恰合 13 材。

对上列现象，可作如下理解：

据第（1）项，各层平面总长宽比均近于 $\sqrt{2}$：1 或 3：2，可以认为是当时五间八椽殿堂设计惯用比例。各层具体份数略有出入，是各层侧脚及平坐收小的结果，但相差不大，而下屋至上屋显然由近于 $\sqrt{2}$：1 逐渐转变到近于 3：2。再结合第（4）（5）两项的现象，似可推测当时设计工作是由下屋柱头平面开始的。故下屋各项份数多合于整材数，在做平坐、上屋平面时，则需考虑柱侧脚及平坐收进数，并用份数作调整。第（4）项，梢间正侧两面间广相等，是适应四阿或厦两头屋盖结构的安排。第（5）项，下屋梢间间广恰为正面总广的 1/6，应是有意识的安排，因为正面总广如为梢间广的 6 倍，则总进深取梢间广的 4 倍，或再略微增大，即为 3：2 或 $\sqrt{2}$：1，对于全部平面设计给予了很多便利。如上所论，又可推测平面设计进程如下：

以下屋标准间广 17 材为基数，初拟正面心、次间各用标准间广 17 材，共广 51 材，以其 1/4 为梢间间广。

将梢间间广调为整数 13 材，心间间广增至 18 材，则五间总广 78 材，为 13 材之 6 倍。

以 1414 除总广，去其零数的 55 材，为侧面总广。

自侧面总广内减去两梢间广共 26 材，余 29 材为侧面中两间间广，计各 14.5 材。

于是得出下屋平面。下屋平面既定，平坐、上屋平面自易着手，它只需按平坐收进及柱侧脚数计算即得。据表 4 下屋柱头总广 1172 份，平坐柱脚总广 1129 份，相差 43 份，即平坐东西两面各向内退进 21.5 份。下屋柱头总进深 826 份，平坐柱脚总进深 786 份，相差 40 份，即平坐南北两面各向内退进 20 份。东西向退进稍多于南北向退进。各层侧脚由柱脚总广减柱头总广的 1/2，得出：

下屋柱脚总广 1188 份，柱头总广 1172 份，东西向侧脚 8 份，合平柱高的 3.3%；

平坐柱脚总广 1129 份，柱头总广 1125 份，东西向侧脚 2 份，合平柱高的 1.4%；

上屋柱脚总广 1125 份，柱头总广 1116 份，东西向侧脚 4.5 份，合平柱高的 2.8%；

下屋柱脚总进深835份，柱头总进深826份，南北向侧脚4.5份，合平柱高的1.9%；

平坐柱脚总进深786份，柱头总进深786份，南北向侧脚0份，合平柱高的0%；

上屋柱脚总进深786份，柱头总进深775份，南北向侧脚5.5份，合平柱高的3.3%。

在这些数字中，可以看出下屋、上屋侧脚大，平坐侧脚小，但均大于《法式》1%或0.8%的制度，而东西向侧脚大于南北向侧脚，即与《法式》原则相同。连同上述平坐收进，也是东西大、南北小，对于保持上下各层既定的长宽比，有很好的作用。

此外，在平面设计上，还有三个局部处理值得注意：

其一，平坐外槽与内槽之间用隔墙，将外槽分隔成封闭的暗层，除西面两间安装楼梯外，不供使用。内槽处于通联上下屋筒状空间的中部，下屋身槽内铺作采用平坐结构形式，于跳上铺地面版，安钩阑，自钩阑至内柱，宽仅50份，成为环绕主像中段的狭窄走道，仅于西侧南端隔墙上设一小门通楼梯间。如此狭窄封闭，可以说明此平坐并不拟经常使用，它只是内槽筒状空间中部的装饰，或附带为扫除、整修等提供方便。但这却是一项巧妙的艺术处理，丰富了这个筒状空间的形象。

其二，上屋外槽深仅172份，不及12材，较下屋外槽更狭窄。并且内槽即是筒状空间的上部，在这一层恰好看到观音主像胸部以上部分，是瞻仰礼佛的重要场所，这仅有的172份深的面积实觉太局促，加以西面还被梯口占去一块地面，更觉不便。如何在既定形势下，设法改善这个重大缺陷，一定是当时设计者必须解决的难题。现状告诉我们，似乎他毫不在意地就解决了。除了平坐铺作挑出46份，使外槽楼面增至218份外，又在平坐内槽四角，自心间平柱头至侧面中柱头，在两柱头铺作上增用虾须栱，其上斜向增设一缝纵架，又在纵架中部增一朵补间铺作与内槽角柱转角铺作相连成横架。于是上屋内槽原为长方形的空井抹去四角，成为六边形空井，于四角上增铺地面版［图版8、11、43］，将原占三间四椽面积的空井，减小到只占两间四椽，而使上屋供人流活动的地面面积增加了一间四椽。这不但很好地解决了上屋地面面积不足的问题，而且使全阁内部空间形象增加了趣味的变化，大大提高了艺术效果，是为此间建筑设计最精巧之处。

其三，平坐铺作上出头木一般长 15 份，合 1 材，唯心间两柱头铺作及补间铺作出头木增至 48 份［表 10］，于其上铺设地面版，使心间平坐向外挑出的深度净增加了 33 份，合 2 材，这为环阁外周的平坐走道增添了变化的趣味。并且在这增出的位置上，恰好反身观瞻那块"太白"题写的"观音之阁"牌匾。

山门进深两间，用一列中柱以便安版门。心间是全寺出入孔道，需有较宽广的尺度，次间及进深必须有容纳金刚塑像、壁画四天王的空间或墙面面积，都是决定间广、椽长份数的因素。

现状侧面间广 269 份，即前节所论标准间广 18 材［插图一一，表 4］。按侧面间广与椽平长的关系，即《大木作研究》所阐明的一间等于两椽，一椽最大平长 150 份（10 材），所以 18 材可能已是当时侧面间广的最大限度，而柱高不越间广，在这里是指侧面间广。实测平柱高 271 份［表 5］，除去阑额尚余 246 份，约合宋尺一丈二尺三寸。据《法式》小木作版门制度，门高七尺至二丈四尺，广与高方，可以安装一丈二尺的双扇版门。故确定以 18 材为标准间广和层高。

前已述及正面需安装版门及安置金刚塑像，需有较大的间广，如平面长宽用 3 ∶ 2 的比例，即正面三间亦各广 18 材，不能满足使用需要。能不能改用 2 ∶ 1 的比例？据现状侧面总广 36 材，假定正面为其 2 倍，则总广需 72 材，即三间应各广 24 材，能否做到，需要考虑与形式、构造有关诸问题：平面近于 2 ∶ 1 的比例用四阿屋盖，次间间广如定为 24 材，则角梁相续至脊槫斜长在正面的投影长，等于侧面间广 18 材，于是心间脊槫两端应各增长 6 材。实测脊槫增长 51 份［表 8］，稍大于 3 材，这可能是当时脊槫增长的上限，超过此数需另增一缝平梁，其上加用蜀柱承槫尾。实际情况显然是不愿使用另增平梁的做法，故次间广是按侧面内广加脊槫增长 3 材，定为 21 材。

心间间广实测 378 份，略大于 25 材。按《大木作研究》，心间广一般最大为 375 份即 25 材，似 25 材也是当时间广的上限。心间除安装方一丈二尺的双扇版门外，还有 138 份供两侧安泥道板，已足敷实用需要。合计正面总广共 67 材，较原意图 72 材小 5 材，而平面长宽比为 1.86 ∶ 1，虽不及 2 ∶ 1，但也较为接近，可以满足。

通过上面分析，我们取得下列各项新认识：

第一，据以上论证两建筑的平面设计，都是按实用需要和结构可能而拟定的，甚至可以说是以结构为基础。间广即是槫的跨度，侧面间广的 1/2 即是槫平长，又是主梁的长度单位，还有脊槫增长等，都是结构要点。《法式》中均规定了它们的标准份数或上限。山门所用份数大多达到了与《法式》规定份数相近的上限份数，可见这种制度在《法式》以前就已存在。

第二，我们曾经产生一个疑问，观音阁是五间八椽重楼的大阁，间广仅用到 275 份，山门仅是三间四椽的小殿，为何竟用了当时最大间广 378 份。现在看来这只是由实用需要决定的，阁规模虽大，间广 275 份已足敷使用，自不必加大间广，徒增浪费。而以前所以产生疑问，实是受后代等级制度成见的影响。另一方面据《大木作研究》，现存唐辽实例中，间广 17 材或 18 材是个常见数字，例如早于独乐寺的佛光寺大殿，当心五间均广 252 份，略为 17 材，独乐寺两建筑标准间广定为 17 材或 18 材，似有可能仍是沿用早期间广的习惯数字，只是在一定的需要下才增大间广。

第三，平面规模影响建筑形式，是设计必须注意的另一问题。例如长宽比为 2∶1 宜于用四阿屋盖，只是从最佳的比例总结出的一般规律，不是绝对规定。只要能取得最好的外观轮廓，可以稍有出入，完全是艺术形象问题。故山门平面比例虽小于 2∶1，但效果仍可令人满意。其关键在于设计者的艺术素养。例如《大木作研究》中指出的宝坻三大士殿，平面长宽比 1.4∶1，用四阿屋盖，就显然正脊过短，形象欠佳。

第四，古代建筑正面间广，向来都是心间较大，次间较小，或自心间至梢间逐间减小。为什么要减小，依据什么减小，也是以往未能解释的问题。从独乐寺两建筑平面分析，可以看到梢间间广是由椽平长决定的，它最大不能超过两椽长，若用四阿屋盖可按两椽长再加脊槫增长数。心次间间广是按实用需要决定的，并不要求心间必须大于次间，如前举佛光寺大殿中五间均广 252 份。而在照顾平面长宽比需调整总广时，如观音阁即增大心间广。我们也可以反过来看，如遇到需要减小总广时，必定是减小次间。因此，就出现了间广自心间以下逐间减小的现象，沿至后代或失其原意，竟演为固定程序，亦未可知。

第五，平面分析所得到的最大收获是观音阁正面总广等于 13 材的 6 倍（即梢间间广），侧面是 13 材的 4 倍多一点，立即得出长宽比约为 3 ∶ 2；山门正面略少于 18 材的 4 倍，侧面是 18 材的 2 倍，也立即可以看出长宽比略为 2 ∶ 1。由此为探索古代设计方法打开了一个缺口，即设计时以材数为单位较使用份数简明，易于判断情况。因此试在观音阁平面图上以 13 材为单位，画出方格。又在山门断面分析时发现有近于 9 材的数字（详下节），而 9 材的 2 倍 18 材正是标准间广数，故在山门各图上试以 9 材为单位画出方格。于是平面图各部分的长宽比例均一望而知，非常方便。于此，我们看到了"以材为祖"的又一重要意义，对古代材份制的理解又深入了一步。虽然现在还不能肯定这就是当时的设计方法，但用来分析、研究古代建筑的设计构图，是非常有效的、可行的方法。

第六，两建筑的设计方法虽相同，但进行的程序却稍异：观音阁先从下屋正面间广开始，以标准间广为据，定正面各间份数，再按 3 ∶ 2 比例定侧面间广份数，然后据下屋平面定平坐、上屋间广份数；山门是据标准间广先定侧面间广，然后按 2 ∶ 1 比例及结构可能，定正面间广份数。参考《木塔》分析，是先定第三层平面，然后据以决定上、下各层平面。因此，可知不同的建筑，应按其具体情况，各有不同的设计程序。

四、断面、立面设计构图

断面设计的第一个问题，就是要确定房屋的高度——层高和总高。

古代单体建筑的外形，一般分为阶基、屋身、屋盖三个部分，多层房屋的每一层都具备这三部分。如观音阁下屋屋身柱是在砖石构造的阶基上，屋身上为屋盖；上屋屋身柱立在木构造的阶基（平坐）上，其上为屋盖。故按建筑形式，它是将两座完整的单体建筑上下重叠起来——重楼。如果包括阶基、屋身、屋盖三部分在内，统称为一个建筑层，那么全阁就是由两个建筑层组合成的楼。

我们又在《木塔》中得知：从结构上看每一个建筑层又可分为两个结构层，即屋身、屋盖两层。这两层下面的铺作实际就是它们的托座，故这两个结构层均各包括它们下面的铺作在内。而最下一层屋身既然立在砖石结构的阶基上，当然不在大木作范围内，因此这一层的高，实际仅是下檐平柱高；屋盖层高则以四椽屋为标准，超过四椽即以相当于四椽屋脊槫高度的中平槫背为标准。建筑层的高等于标准间广（或下檐柱高）的两倍，结构层的高等于标准间广（或下檐柱高），但可以在建筑层高的范围内互相调剂。例如应县木塔建筑层高 35 材，副阶的屋身屋盖各占 1/2，高 17.5 材；而第二、三层的屋身层高各 18 材，屋盖层高各 17 材，合计建筑层高仍为 35 材。

现在就以上述已获得的认识为出发点，对独乐寺两建筑的断面、立面设计进行分析，并按观音阁的具体情况，着重于对结构层高（以下简称"层高"）的分析。

观音阁的外檐分为下屋（屋身）、平坐（下屋屋盖）、上屋（屋身）、屋盖（上屋屋盖）4 个层高；屋内则为下屋、平坐、上屋、藻井 4 个层高。据表 6（见上文），外檐 4 个层高分别为 239、264、259、254 份［插图一八、一九］，其中后两数均近于标准间广；前两数相差较大，不符合标准间广，但四数平均仍为标准间广 254 份。屋内 4 个层高分别为 252、253、262、253 份［插图二〇、二一，表 6］，除上屋偏高外，均与

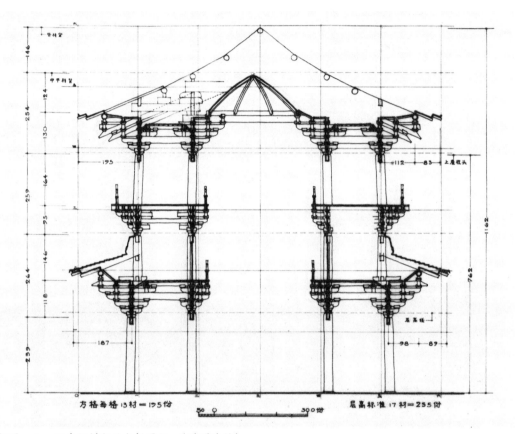

插图一八　观音阁横断面分析图之一（陈明达绘）

标准间广相近，其平均数则为 255 份。又外檐下 3 个层高之和为 762 份，屋内下 3 个
层高之和为 767 份，即自地面至上屋柱顶的总高，屋内较外檐高出 5 份（约 8 厘米），
因此在上屋外槽可以显著地看出乳栿向外倾斜。再看外檐下两个层高之和为 503 份，
而屋内下两个层高之和为 505 份，即自地面至平坐柱头，屋内较外檐高出 2 份。所以，
上述屋内外层高的差数，是由下至上逐层积累的施工误差，也就是上屋层高略大于标
准间广的主要原因。可见除外檐下屋、平坐两个层高外，其余各层层高基本上都是按
标准间广 17 材制定的。

　　下屋身内平柱高，柱上铺作与平坐柱高之和各为一个层高，是符合标准的。外檐
平柱低于一个层高，铺作平坐柱之和高于一个层高，但总数仍为两个层高，也是符合

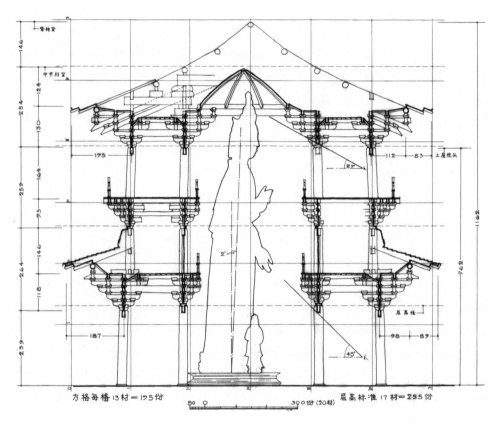

插图一九　观音阁横断面分析图之二（陈明达绘）

建筑层高内两个结构层高可以互相调节的原则的。我们过去一贯认为产生这个现象是由于加高内柱，但按层高的原则看，此阁实是降低外檐柱。产生这个现象的关键，在于外檐、身内所用铺作的铺数不同。下屋外檐柱头铺作，外转七铺作出华栱四跳，它在栌斗口上必须有5材4栔高；（不计替木撩风槫）里转出华栱两跳（较身内铺作多出一跳）承乳栿，乳栿之上坐丁头栱承耍头后尾（铺版方），其上立平坐柱，这是当时殿堂结构的通常形式。而身槽内只用五铺作，栌斗口内共高4材3栔，较外檐少一足材。内外铺作上的铺版方当然应取平，这就只得将外檐柱降低。那么，是不是不降低檐柱也能使铺版方取平？有两种可能的方法：

其一，将外檐铺作改用六铺作，外转出三跳华栱，里转乳栿下用一跳华栱，即

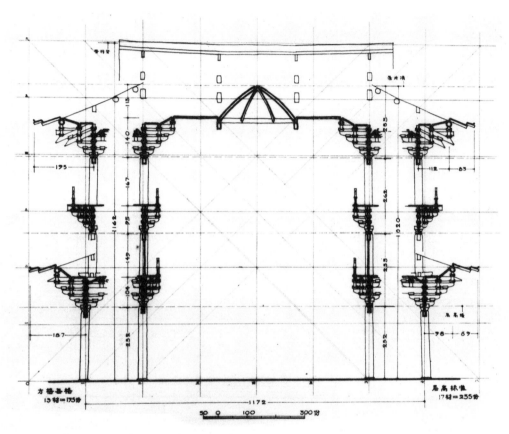

插图二〇　观音阁纵断面分析图之一（陈明达绘）

可保证下檐柱、平坐都取得标准高度。事实未取用此法，或系受两项制度的影响，即《法式》卷四"总铺作次序""凡楼阁上屋铺作，或减下屋一铺"[1]及卷四"平坐""减上屋一跳或两跳"[2]。试看，假如下屋改用六铺作出三跳，上屋就必须减为六铺作，否则上屋总檐出将大于下屋，使外观有头重脚轻之感。又设若上下屋全用六铺作，而平坐仍用六铺作，则过于突出于屋身之外，故平坐即应减为五铺作，与下屋身内挑出的平坐相等，这又会使外檐平坐过于狭窄。并且照此方案，全部立面将大为改观，因而

[1] 李诚：《营造法式（陈明达点注本）》第一册卷四《大木作制度一·总铺作次序》，第92页。
[2] 同上书，第一册卷四《大木作制度一·平坐》，第92页。

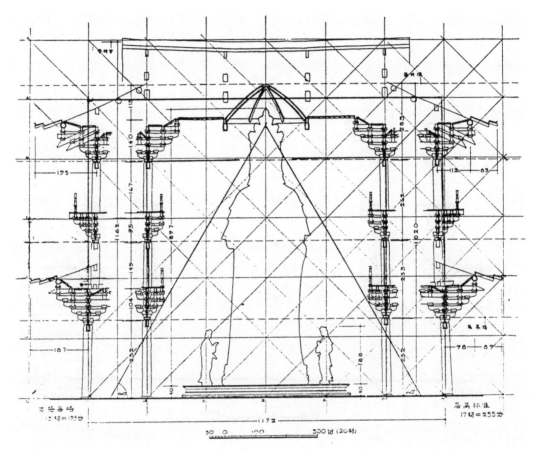

插图二一　观音阁纵断面分析图之二（陈明达绘）

是不可取的。

　　其二，是否可以在使用七铺作的条件下，保持下檐柱、平坐层能符合标准层高？即按现状将下檐柱增高13份，使全部铺作向上提高，而减低平坐柱净高。当然这并无困难［插图一八、一九］，但如此就要增加屋内铺作的铺数，或增加屋内柱高。其结果虽使外檐层高都符合标准层高，却使屋内层高不合标准，而且还产生两个缺点：即屋内改用六铺作出三跳，较现状增加一跳，使筒状空间的平坐突出过大，观音立像逼近平坐，颇感局促；其次增加铺作铺数，或增加屋内柱高，即必须减低屋内平坐柱的净高，现状平坐柱净高149份，如减低13份，尚余136份，此即屋内平坐外走道的净高，显然稍觉低矮，与上下层的屋内高度不相协调。因此，使用七铺作而仍保持标准层高的做法，利少弊多，也不相宜。

如上所述，可知现状是在各种互相制约的条件下所能取得的最佳方案。

其结果虽然使下檐柱高较标准层高偏低了约 1 材，但由于下檐柱的净高仍有 406 厘米，非经测量不易察觉。

观音阁外檐总高共 1162 份，合 77.5 材。此数与下屋正面总广 1172 份相差 10 份，与总高比为 100∶99.14。两数均出入于 78 材 1170 份，即平面分析所指出为梢间间广的 6 倍。似设计时系以 78 材为标准，亦即原设计意图在于使总高等于或近于 78 材，令正面成为高广相等的构图。如果这个看法是正确的，那么在设计之初，必定已对阁的总高有大致以材为单位的估计，现在就看看能不能作出估计。

自地面至上屋柱头 3 个结构层高，即是 3 个标准间广 5 材。屋盖层高是铺作高加举高，可按标准做法估计。铺作标准做法：四铺作高 4 足材，每增一铺即增高 1 足材。以独乐寺栔高为 1/2 材计，四铺作高 6 材，每增一个铺即增 1.5 材（用铺作数详下节），于是七铺作高 10.5 材，用双下昂应减低 1.5 材，实高 9 材。举高按《法式》制度有四分举一和三分举一，在《看详·举折》中又说明"虽殿阁与厅堂及廊屋之类略有增加，大抵皆以四分举一为祖"[①]，今亦按四分举一估计。各层平面已是已知数，上屋总进深约 52 材，四分举一为 13 材，铺作每出一跳举高亦为 1 材，出四跳即举高再增 4 材，共为 17 材。以上层高、铺作高、举高三项合计共约 77 材，与实况 77.5 材相差极少。由此可知，对总高作出估计非常方便，而设计时又有充分的伸缩余地，可依情况予以调整。

屋内层高同外檐，在实测中测得上屋铺作高（至外跳平棊方背）140 份，心间藻井自平棊方以上高 113 份，共 253 份，亦为一个标准层高。故屋内总高为 4 个层高 68 材。但各层屋内空间高是自地面（楼面）至平闇（即至铺作里跳平棊方背），各层屋内铺作里跳自栌斗口上至平棊方背，均为 4 材 3 栔 [插图一八、一九]，连同栌斗在内高 6 或 7 材。故下屋屋内空间高为层高加 7 材，共约 24 材，以上各层空间高为层高减

———————————

① 李诫：《营造法式（陈明达点注本）》第一册《看详·举折》，第 33 页。

去柱下铺作，再加柱上铺作，实际仍是一个层高。

观音阁椽径9份［表11］。按《大木作研究》，檐出应为77.5～85份，飞子为檐出60％，为46.5～51份，合计共124～136份。实测檐出、飞子［表8］，下屋共89份，上屋共83份，小于《法式》甚多。但因用七铺作出四跳，连同出跳的总檐出，下屋为187份，上屋为195份，已等于或接近梢间间广，并不感觉檐出小。更为重要的是，檐出小是为了满足总轮廓的图案要求（详下文）。又檐高与檐出之比如表9，上屋为100/50，下屋为100/48，即总檐出控制在檐高的50％左右，恰与《大木作研究》结果相同。是否即是设计的依据，尚难肯定。至于檐角生出达24～31份［表8］，为辽宋建筑中所少见，大于《法式》规定五间生14份甚多，但无关宏旨，可暂置勿论。

在设计生起及侧脚时，只需据制度结合具体情况予以调整。实际情况以外檐柱为则［表5］，正面向角柱逐柱生高；侧面中间三柱等高，并与正面次间柱等高。上屋角柱高程与平柱高程之差，为各层生起之和，因知是生起上更加生起。各层生起自下屋至上层逐层减小，也与《法式》卷四《平坐》规定"凡平坐四角生起，比角柱减半"[①]稍异。至于侧脚已详平面设计一节，兹不再赘。

以上对观音阁断面、立面设计的主要材份数作了必要的说明。以下再就它的设计方法及构图略加分析。

仍按平面设计的方法，先以13材为单位，划出方格，由于上下屋的檐出总数等于或近于13材，应在每面多增加一格，即正立面、纵断面广8格，侧立面、横断面广6格。阁高既同于正面总广，则高6格。又因为标准层高17材，另增加了高17材的4条层高线［插图一一至一四、一七至二五］。然后在各图上按实测材份数画上断面、立面，据以考察它的效果。

从观音阁断面图［插图一八至二一］中看到的各部分与原意图的出入，相差最大的是下屋外檐层高和总高，但都在1材以下（原因已详前文），从总广、总高的数位

① 李诫：《营造法式（陈明达点注本）》第一册卷四《大木作制度一·平坐》，第93页。

衡量，差数不及 1%，足见设计的认真细致，力求达到原意图的精神。其他小的差数就不一一列举了。断面图上看到的屋内空间：下屋外槽地面至平闇高约 24 材、广 13 材，高广比近于 2：1，成一个狭高的走廊，内槽是通联三层的筒状空间，高广比约 5：2。由于下屋内外槽间仅有一周内柱，没有分隔空间的显著界限，下屋实际上是内外槽合并成的凸状空间，它的上部在横断面图上仍成筒状，在纵断面上却是一个广阔的大空间。

上屋外槽、内槽间有一周钩阑为界，内外两空间界限分明。上屋外槽高 17 材，广 11.5 材，高广比约为 3：2，是比例舒适的走廊。内槽广 51.55 材，深 28.5 材，自楼面至平闇高 20 材，高于外槽 3 材。从横断面上看高广比约为 2：3，从纵断面看高广比为 2：5，都成横长方形，顶上是大面积的整片的用小方格组成的平闇，在平闇中部凸起一个藻井。全部空间比例恰当，又有内外槽竖长方形、横长方形及外低内高等对比、变化。简单而划一的小方格，赋予这变化着的空间以韵律感，并且取得全部图案的统一性。在中央的藻井兀然突起，是全部空间的焦点。在它的下方正是全阁的主题所在——观音立像。

上屋内槽平闇藻井，原是从下屋开始的凸形空间的最上部分，但在上屋看它又与外槽结合成为上屋空间的组成部分。而且通联三层的内槽也是作为一个整体设计的，不仅在建筑构图上取得良好效果，同时还突出了观音立像的位置，将观音立像也纳入建筑构图中。观音像连同其下坛座共高约 62.5 材［表 6］，其最高点高于内槽平闇 2 材，恰在藻井的中部。如从菩萨冠中点作一水平向下 60° 线至下屋地面，其间并无阻碍，即立于下屋侧面外槽中，可以看到像的全部侧面［插图二〇、二一］。这两条 60° 线与下屋地面组成等边三角形图案，等边三角形下部两角内，各有一个胁侍菩萨像充实，也是一幅完善的图案。而从正面看，两个侍像的距离为 2×13 材，即观音像、左右胁侍像正好都位于 13 材的方格线上。从侧面看观音像在内槽中线的一侧，侍像正在中线，均显示出塑像与建筑构图的密切关系。

从断面图上还看到两项细致的手法：

在上、下屋平闇与铺作交接处，使用了不同处理手法，上屋外槽是一个空间，外槽两侧铺作上均用峻脚椽，使外槽周匝成为"∩"形图案，以区别于内槽。下屋外槽与内槽合并成凸形空间，只在外檐里转铺作上用峻脚椽，身内铺作上不用峻脚椽，使下屋外槽的空间轮廓边缘成"ㄥ"形，强调外槽和通联三层的内槽是一个空间，是一个完整的凸形图案。

观音像胸部以上位于上屋内槽空间之内，但受内槽柱头上阑额阻挡，自外槽心间瞻望不到头像全部［插图一八、一九］。为此，心间内柱头上不用阑额，而将柱头、补间铺作的泥道栱改为整条柱头方，以代替阑额，使在外槽心间中部能无阻碍地看到头像全部。

平面、断面设计完成后，立面几乎就是必然的结果。所以《法式》中重视地盘分槽和草架侧样图。我们现在也只需按平面、断面分析所得，考察它所构成的图案。

下屋正面中 3 间共 783 份，约 52 材；地面至上屋柱头 3 个层高 51 材，均约为 4×13 材，组成一个大致是 4∶4 的正方形［插图二二］。它包括了正立面的主要部分，也是断面图上看到的中心部分。下屋总广 1172 份，约为 6×13 材，自地面至下平槫上方约为 5×13 材，组成一个 6∶5 的横长方形套在中心的正方形之外。它是正立面的次要部分，在断面上看，则包括了外槽走道及最上的平闇藻井。最后，下屋总广加两侧总檐出共 1546 份，约为 8×13 材；阁至脊槫背总高 1162 份，约为 6×13 材，即总轮廓为 8∶6 的横长方形。这 3 个四边形的左右及上方相距均为 13 材，可说是一幅规整的立面图案，同时还显出断面图上的内容。

侧立面总深 826 份，加两侧出檐共 1200 份，均大于 4×13 材及 6×13 材［插图二三］；而上屋总深 775 份，加两侧出檐共 1165 份，极近于 4×13 材或 6×13 材。其各项高度与正面相同。故侧立面的图案，即是将正立面图案缩窄：中心是 2∶4 的竖长方心，外套一个 4∶5 的竖长方形，总轮廓是 6∶6 的正方形。也同样反映出断面图上的内容。

山门标准间广、层高均为 18 材，已详平面分析。总高 547 份，合 36.5 材［插图二〇、二一］，正合四椽屋总高为两个层高的规制。下一个层高即檐柱高，上一个层高包括铺作（至撩风槫背）高 109 份，合 7 材；前后撩风槫心长 643 份，约四分举一高 165 份，合 11 材［表7］；两项合并正为一个层高。其次檐出 74 份，合 5 材，正同《法

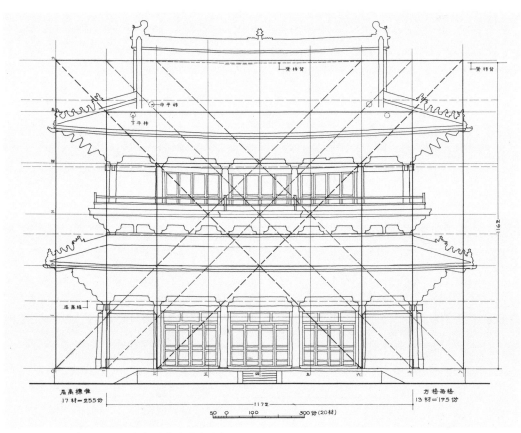

插图二二　观音阁正立面分析图（陈明达绘）

式》制度。飞子出 36 份，合 2.5 材，小于檐出的 60%。檐、飞出跳共 162.5 份［表8］，约合 11 材，为檐高的 42.5%，小于观音阁总檐出与檐高的比例［表9］。

山门东西次间前半各安置金刚像一躯，像高连座在内 303～306 份，略大于 20 材［插图一二，表6］，上距乳栿底不足 2 材。向心间东（西）望，檐柱、内柱、柱上出跳及乳栿恰为塑像组成一个画框，从图上看，上边似觉稍低，迫近塑像头部，实际乳栿在前，塑像在后，赖透视及彻上明造不用平闇，足以消除此种感觉，故像的尺度与空间比例仍是适当的。

山门正立面总广 1010 份，略小于 4×18 材，加两侧总檐出各 162.5 份，合 89 材，约为 5×18 材；总高 545 份，合 36.5 材，即 2×18 材。此三项均约为 18 材的倍数，

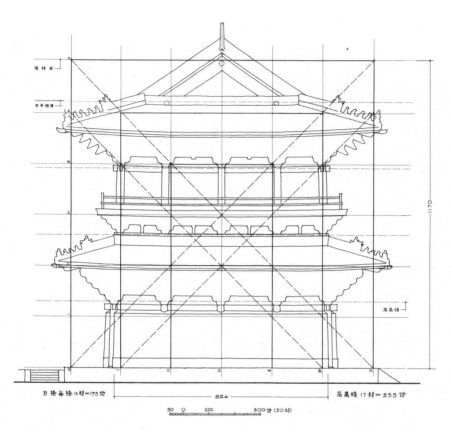

插图二三　观音阁侧立面分析图（陈明达绘）

但两侧总檐出小于 18 材甚多，不便构图，若改以 9 材为设计单位可能更适当。故在平面设计分析时即已采用了先画出深广各 9 材的方格。现在看正立面［插图一三］略为 10 ∶ 4 的横长方形总轮廓，侧立面［插图一四］为 6 ∶ 4 的横长方形总轮廓，构图均极为简明。然而初看这构图竟难找出它的重心所在。心间本可成为构图重心，而并不突出；若以两次间为重心，又犯分散之病。实际这正是内容的必然表现。全寺出入孔道、金刚、天王都是全寺的重点，它本身就难分宾主。

综上所述，立面设计同平面一样，以材为单位，先作出大轮廓的估计，观音阁用 13 材、山门用 9 材画出方格。然后再作具体细致设计，并允许与既拟轮廓有微小的出入。还应当特别指出断面、立面设计的轮廓，即是大木作骨架的轮廓，它不包括下面的砖阶基，也不包括外周墙壁、屋面、脊兽、鸱尾等。它反映了我国古代建筑以木结构为主体的特点，可能是古代建筑设计的普遍方式。

以上对两建筑的断面、立面设计分析及由此得出的构图方案，当然只是一种拟议，无从肯定它就是当时的构图。然而所表述的构图设计的方法，是全部可以由实测数字证明的，是合乎事实的。这是本次分析研究的最大收获。

对独乐寺两建筑的断面、立面设计构图分别剖析如上，现在再回顾分析过程中所发现的几个现象，综合补充如下：

（1）规模形式

本文第二节中曾指明八椽五间的规模是实际使用要求决定的。从观音阁的断面图上看到所用尺度及所形成的空间布局，也非常恰当而紧凑，可以说无懈可击。但多年来对阁的规模形式曾有各种不同看法，大致可归纳为两种意见：一是认为阁的间广材份数小于山门，尤其是外槽深仅 13 材太狭窄，是为美中不足，应当更大一些，才足以显出阁在全寺中的重要地位；二是以为阁的下屋如建副阶使成重檐，其建筑形式可更加宏丽。这两种意见各有所见，当时何以未曾考虑到，却需作具体分析。

据现状，阁总广大于山门 11 材，总深大于山门 19 材，总高大于山门一倍多，而且用材大一等。以总高实际尺度论，阁高 1973 厘米，门高 837 厘米，无论从哪一面看，阁的总体规模均占优势，与山门的总体规模相比，可称适当。至于外槽狭窄，如前所论，外槽原不拟设置塑像，仅作壁画，那么据现状，下屋有 332 厘米、上屋有 293 厘米的空间，已足敷应用，此姑不论。

若仅就加大外槽深论，仅加深外槽，其余各部仍按现状，则全部平面、断面、立面的各项比例均将改观，成为另一个观音阁，颇难估计其效果，且对加大规模作用不显著。如全部比例仍按现状不变，仅加大各部分材份数，则成为现阁的放大。

现在姑且假定阁外槽深加至 15 材［插图二四甲、乙］，并按现有比例放大以观其效果。即标准间广、层高增至 20 材，于是总广 90 材，总深 64 材，使各层面积增加 34％；全阁总高则为 90 材，总体量增加约 54％。即全阁实际高广各增加 3 米多一点，增大效果并不显著，而全部工程量造价增加约半倍，故为当时所不取。

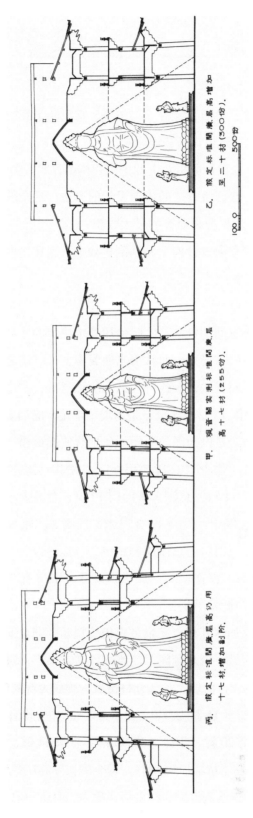

乙．假定标准阁像层增加
至二十七材（500份）．

500份

100 0

甲．观音阁实测标准阁像层
高十七材（255份）．

丙．假定标准阁像层高仍用
十七材，增加副阶．

插图二四 观音阁塑像与建筑规模比较图（陈明达绘）

加建副阶则与此不同。假定只加建副阶，阁身间广材份及平坐以上各部比例不变，增大的效果十分显著。但是，这使下屋内槽增高一个层高［插图二四甲、丙］，导致塑像构图远不及现状。因内槽增高后观音像亦随之增高 17 材，增宽 4 材，下屋内槽高达 41 材，略大于像高的一半，使像身与建筑空间、侍像的构图逊于现状。中部筒状空间周围迫近像身，在上屋仅看到自空井中兀然伸出一个特大的头像，均远不及现有图案那样妥帖舒展。故此，可以肯定不用副阶的原因，除了要增加造价外，更重要的是观音像与屋内空间的构图关系不佳。

（2）柱高、层高

本文第二节对间广、柱高的标准分析中，已经提出《法式》规定柱高"不越间之广"，在实例分析研究时，往往是依据柱高去探求标准间广。这实在是由于在一座房屋中的柱高较一致，而间广却有较大的出入。例如山门柱高 18 材，仅略有生起的小出入，全部内外柱高均相等；再对照屋盖层高 18 材，正合总高等于两个层高。这都是一经测量便可了然的，由此辨认出侧面间广是标准间广，自不困难。然而何以柱高不能越"间之广"，仍然看不出必然的关系。故柱高、层高究竟是依据什么拟定的，有进一步探讨的必要。

现存唐辽建筑中最小柱高仅华林寺大殿一例，不足 15 材。唐辽建筑柱高多为 16、17 或 18 材。尤其两个多层建筑——观音阁和应县木塔，层高分别为 18、17 材，应予重视。由于多层楼阁的上屋层高包括柱高和柱下铺作高，其实际可供使用的高度仅为柱高，即层高减去铺作高。观音阁上屋殿身层高 259 份（略大于 17 材），减去柱下铺作高 95 份［表6］，得柱高 164 份，再减去阑额、门额等高，净高约 140 份（略大于 9 材）。应县木塔第五层塔身层高 242 份（略大于 14 材），减去柱下铺作高 72 份及阑额、普拍方等，净高 130 份（略小于 9 材）；第二、三、四层塔身层高各 268 ～ 269 份，减去柱下铺作高 91 份及阑额、普拍方等，净高 137 份（略大于 9 材）。即层高减铺作等高后，均有 9 材左右的净空（约为宋尺 7.17 尺，合 230 厘米）可供安装槅扇门，显然，这也是必需的不能再小的高度。可见早期柱高 16 ～ 18 材，是在各种情况下都能满足使用需要的高度，所以也必定是当时习惯使用的柱高标准。

53

再看现存古代建筑的间广。梢间、侧面各间、多层房屋的上屋，均受结构构造的制约，变化较多不计外，其正面各间自唐至宋、金逐渐增大，迄今所知最小间广为佛光寺大殿当中 5 间各广 252 份（504 厘米），约为 17 材。现知唐代重要建筑如大明宫麟德殿，间广亦约为 5 米，则此数或亦为早期间广的惯用数。恰巧间广与柱高的惯用数相等（沿至清代则以 10 ～ 12 尺为柱高间广常用尺度），历代相传，遂演成柱高"不越间之广"的原则。

至于最上一个层高，以往我们只知道是铺作高加四椽屋举高（或四椽以上屋举至中平槫高）。在分析了观音阁之后，还应当补充两个新内容：厦两头造的层高是铺作高加举至曲脊槫背高，屋内层高是铺作高加藻井高。

（3）举高、檐出

观音阁总轮廓正立面是 8：6 的横长方形，侧面是 6：6 的正方形；山门正面、侧面分别是 10：4、6：4 的横长方形。于前述正面等各图中，可以看到观音阁实高略低于总轮廓上边，而侧立面的下屋屋檐又略突出于总轮廓边缘之外；山门侧立面的屋檐也略突出总轮廓之外，此等现象均与举高、檐出有关。又在分析观音阁材份时，也曾感到其檐出过短，举高制度不明，而不能取得恰当解释。至分析了山门之后，才理解到都是与总轮廓图案有关的问题。

《法式》厅堂四分举一又可加 3% ～ 8%；现有实例举高多在四分举一左右，如山门举高为四分举一又加 2%，观音阁为四分举一又加 8%，可证四分举一是当时殿堂举高的标准。观音阁实测总高 1162 份，较总轮廓低 8 份，只需将举高再略提高到四分举一又加 10%，即可完全达到原拟设计目标，而竟不再加，可见现有举高已达到当时殿堂举高的最高限度。

此外，《法式》举折方法是先按前后橑檐方心长，得出总举高数，然后向下逐槫缝折低；明清时期变为从下至上以不同的举数逐步举高，若必须用总举高数，只得以各步举数相加。我们曾分析过此两种方法的优缺点，它所产生的屋面曲线有何不同，始终未能得出满意的解答。现在看来，先决定举高总数的方法是便于设计的方法，可使设计者在设计之始即能快速地估计总高，以决定总轮廓方案。

山门檐出［表8］74 份，飞子出 36 份，总出跳 52.5 份，总计 162.5 份。按《大木作研究》椽径 8 份，檐出可 75 份，飞子 45 份。檐出合于《法式》规定，飞子出缩短了 9 份。山门总轮廓包括檐出在内，正面应广 90 材，侧面应广 54 材。实际正面 89 材，短 1 材；侧面 57.5 材，长出 3.5 材。假如将飞子增长 4 份，则正面恰好达到 90 材，但檐出应四面一致，不能有长短，正面增长，侧面亦随之增长，将超出总轮廓更多。可见减短飞子是照顾到正侧两面的总轮廓，并较多地照顾正面。由此可以断定当时檐出制度与《法式》相同，只是在设计立面图案时作了必要的调整。

再看观音阁下屋檐出 62 份，飞子出 27 份，合共 89 份。据《法式》椽径 9 份，檐出可 77.5 份，飞子 46.5 份，合共 124 份，相差达 1/3。而正面总轮廓应广 104 材，实际 103 材，短 1 材；侧面总轮廓应广 78 材，实际 80 材，长出 2 材，正与山门情况相同。当然也是为了总轮廓图案的要求，大幅度缩短了檐出、飞子。

又山门檐飞共长 110 份，下平槫缝椽长 117 份，两数相近；观音阁檐飞共长 89 份，下平槫椽长 81 份，两数亦相近。山门连同出跳，总檐出 162.5 份，小于侧面间广 269 份；观音阁总檐出 187 份，亦小于梢间广 195 份，似为檐出的另一标准。明清时期有"檐不过步"说，或源于早期制度。《法式》虽无具体条文规定，但檐飞最大可至 144 份，小于椽最大平长 150 份；出跳最多 5 跳，逐跳 30 份共 150 份，合并檐飞共 294 份，而殿堂梢间间广最大两椽 300 份，实际正同于此种情况。［插图二五，图版 65、106］

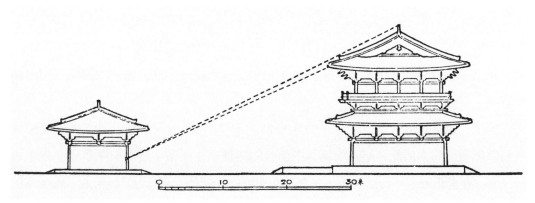

插图二五　独乐寺观音阁与山门的空间布置（陈明达绘）

五、结构构造

（一）概况

独乐寺两建筑均属殿堂结构形式，据《大木作研究》，殿堂结构形式至迟在中唐时已经是完善的构造形式，其创始应在初唐或更早。现存古代建筑中除佛光寺大殿外，独乐寺是时代最早的范例，对研究这种结构形式的发展极为重要。这种结构形式有四种不同的地盘分槽（即平面），观音阁近于"金箱斗底槽"，山门近于"分心斗底槽"。

1. 殿堂结构的特点

第一，全部结构构造可以按水平方向分为若干"层"，每个"层"都是一个自成整体的构造，全建筑即由各构造层自下而上重叠而成。每两个构造层叠垒成一个结构层，即前节所说屋身、屋盖两个结构层。上屋屋身又可分为铺作、柱额两个构造层，屋盖层又可分为铺作、屋架两个构造层，所以铺作是柱额或屋架的托座。例如将观音阁构造按层分解开［插图二六］，图中只绘构造的主体，其次要的辅助构件如跳上的小斗、栱方等均略去不绘，以求简明，便可看出全阁可分解为柱额、铺作相间重叠的六层，再加最上屋架，共七个构造层。而山门只有柱额、铺作、屋架三个构造层［插图一二至一四］。

第二，内槽可以不用梁栿。观音阁正是利用这个特点，使内槽成为通联三层的筒状空间。

第三，据《法式·卷三十一·大木作制度图样下》，屋深十椽，侧面四间；屋深八椽，侧面三间。因此，屋盖的槫与下面各间的柱不在一条中线。但在早期实例中未曾见到，直至北宋末年始见一例——少林寺初祖庵，至元代才成为常见形式，或为《法式》时期所创始、随后才逐渐通用的形式。

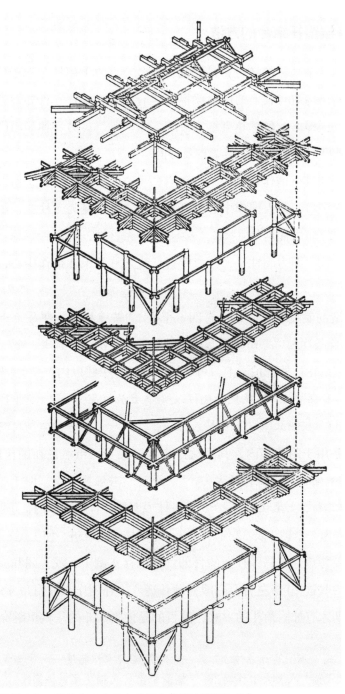

插图二六　独乐寺观音阁木构架分析图（陈明达绘）

2. 各构造层重托结合的方法

铺作构造与其下柱额的结合，是在铺作层各节点之下用栌斗坐于柱头或阑额（普拍方）之上。铺作构造与其上的屋盖梁栿结合有两种方式：一种如观音阁所用，在铺作上用方木（或压槽方）敦㭼草乳栿［插图二○、二一］；另一种如山门，铺作上不用草乳栿，于明乳栿上坐栌斗承上架梁首及襻间。

柱额构造层与其下铺作构造的结合也有两种方式，即《法式》所谓的叉柱造、缠柱造。柱脚开十字口，叉入铺作中心，直至栌斗之上，是为叉柱造，如观音阁上屋外檐柱、上屋及平坐屋内柱均是［插图二六］。至于缠柱造，有两种解释：一种认为凡转角铺作用栌斗三枚，即为缠柱造；另一解释认为凡柱身不在铺作中心，而向内退进若干即为缠柱造。

有关缠柱造的制度有《法式·卷四·平坐》"若缠柱造，即每角于柱外普拍方上安栌枓三枚"，此条注云"每面互见两枓，于附角枓上各别加铺作一缝"[1]，即缠柱造转角所用栌斗三枚系在柱外普拍方上，可见柱在普拍方中线以内。又，《卷十八·楼阁平坐转角铺作用栱枓等数》"里跳挑斡棚栿及穿串上层柱身……"，其下所列栱斗数中有"第一抄角内足材华栱一只"，"第一抄入柱华栱二只"，"第一抄华栱列泥道栱二只"。[2]显然入柱华栱系用于附角斗内，其里跳穿串上层柱身，当然柱在铺作内侧。又，《卷四·平坐》"凡平坐铺作下用普拍方……"，下注"若缠柱边造，即于普拍方里用柱脚方，广三材、厚二材，上生柱脚卯"[3]，更具体说明柱在普拍方以内，并可由此推知上层柱向内收进最多为一个栌斗长 32 份。所以，上屋柱向内收进，使上屋平面较下屋收小，是缠柱造的主要特点，也是缠柱造的目的。在现存实例中，观音阁和应县木塔各层平坐外檐柱均向内收进 20 份左右，应即为缠柱造。柱外铺作未加附角斗应是早期形式，至《法式》时期才有加附角斗的形式，其目的是使附角斗的华栱里跳穿串上层柱身。

[1] 李诚：《营造法式（陈明达点注本）》第一册卷四《大木作制度一·平坐》，第 93 页。
[2] 同上书，第二册卷十八《大木作功限二·楼阁平坐转角铺作用栱枓等数》，第 183～184 页。
[3] 同上注[1]。

3. 梁栿等构件规格

按《法式》制度，系依房屋结构形式，分别按殿堂、厅堂、余屋三类制定，梁栿长则以椽为单位，椽长最大150份。现将独乐寺两建筑所用主要受力构件列于表12比较如下。

由表可见两建筑各种构件中柱径特小，仅同《法式》余屋规格，槫径均同《法式》规格的下限。观音阁椽径同《法式》，山门小一等同厅堂规格。山门梁栿截面均同于《法式》规定。观音阁梁栿截面均小于《法式》规定一至二级，但梁栿实际长度亦小于《法式》，可能因长度小，故不拘泥于椽数，而按实际长度调整截面规格，是值得重视的现象。

表12 观音阁、山门构件规格与《营造法式》比较

类型		《法式》（份）		观音阁（厘米／份）		山门（厘米／份）	
		长	截面	长	截面	长	截面
殿堂	劄牵	150	21×14				
	乳栿三椽	300～450	30×20			431/269	50～55×30/31～34×19
	六铺作以上乳栿三椽栿	300～450	42×28	293/172	41×26/24×15		
	平梁	300	30×20			488/304	49×31/31×20
	六铺作以上平梁	300	36×24	366/215	45×24/26×14		
	四、五椽栿	600～750	45×30	732/430	57×28/33×17		
殿堂柱径			42～45	50/30		50/30	
厅堂柱径			36				
余屋柱径			21～30				
殿堂槫径			21～30	32～35/19～21		35/22	
厅堂槫径			18～21				
殿堂椽径			9～10	15/9		12/8	
厅堂椽径			7～8				

（二）柱额及屋盖层构造

柱额层构造依分槽形式而定。观音阁为金箱斗底槽，于柱头使用阑额，将18条外檐柱连接成一个柱框，10条屋内柱连接成又一个柱框，两个柱框相套，平面成"回"形，其间别无联系。按《法式》图样，金箱斗底槽内周柱框的后一排柱头上的阑额延长至外檐柱头，使内外柱框相连接，似《法式》时期已注意及此而有所改进。山门分心斗底槽，亦用阑额将10条外檐柱连接成一个柱框，又在纵轴线柱头上用阑额将柱框分割成内外两半，平面成"日"形，整体性较观音阁强，与《法式》分心斗底槽构造原则相同，而规模极小。观音阁并于平坐及下屋内柱阑额之上加用普拍方。按《法式·卷四·平坐》"凡平坐铺作下用普拍方"，此阁下屋身内铺作实际是平坐形式，故用普拍方是合于制度的。

观音阁于下屋柱头铺作普拍方上，用素方一周，并与合楷（或为方木敦桥）相交，以承其上平坐柱柱根。此素方实测截面17份×10.6份，与《法式》"凡地栿广如材二分至三分"[1]相符，应即平坐柱地栿，但上下屋及山门外檐柱间是否用地栿尚难肯定，仅于观音阁梢间壁面破损处，得知转角部位柱间用樘柱，则其下有用地栿的可能。平坐之内，各柱均用樘柱，其使用情况大致与应县木塔相同，应是当时平坐构造的一般方式。《法式·卷十九·殿堂梁柱等事件功限》中虽有"凡安勘、绞割屋内所用名件柱额等，加造作名件功四分"，注云"如有草架、压槽方、襻间、闇栔、樘柱、固济等方木在内"[2]，仅见樘柱之名，未详使用制度。此处使用樘柱情况实可补《法式》之缺漏。

柱生起、侧脚的实际情况，已分别在前文平面、断面设计构图两节中说明。其要点是，生起之上逐层又加生起，分别看似各层生起数小于《法式》规定，逐层总生起又大于《法式》规定。侧脚数则远超过《法式》规定，而东西向侧脚大，南北向侧脚小，又同于《法式》原则。

① 李诚：《营造法式（陈明达点注本）》第一册卷五《大木作制度二·阑额》，第101页。
② 同上书，第二册卷十九《大木作功限三·殿堂梁柱等事件功限》，第196页。

又《法式》规定正面柱向东西侧，侧面柱向南北侧，至角柱才"其柱首相向各依本法"[1]。如此，侧脚的结果是正侧两面外檐柱均只向屋内侧脚，而屋内柱全部无侧脚。观音阁上屋正侧两面，各内柱脚广均大于柱头广[表4]。实际即是除纵轴线4条柱子外，其他各柱都同时向两个方向侧脚。因此，每条柱子的倾斜度以及由生起导致的柱高均各不相同，使构件制作安装较繁难，可能这是促使侧脚、生起方法简化的原因。

观音阁屋盖层全部在平闇之上，均于草栿上用方木敦桥"随宜枝樘固济"[插图一八、一九]，使各缝槫背达到举折要求高度，全部构造简略。屋盖用厦两头形式，四角各转过两椽，转角斜缝上亦安草乳栿，屋盖四周下平槫，均由草乳栿支承。心间、次间四缝均于草乳栿尾，用方木敦桥四椽草栿，其上再敦桥平梁。

按《法式》侧样图构造形式，系最下不用草乳栿而用八椽通檐草栿，其上再层叠六椽栿、四椽栿、平梁。此阁构造较《法式》多用了两条草乳栿（短料）而节省了一条八椽栿、一条六椽栿（长料），构造简单且节省工料甚多。鉴于唐代佛光寺大殿屋盖层构造基本亦与此阁相同，似为《法式》以前的普遍构造形式。

山门的屋盖构造在早期建筑中是一个少见的特例。屋内为彻上明造，不用草乳栿，而加大心间左右横架构件，使截面达到乳栿规格，于其上坐栌斗承平梁、襻间。它的下平槫除心间两端仍安于平梁上外，各间中部及四角两面相交点，均于补间及转角铺作里跳上，连出华栱四跳或五跳承托。按照这一构造形式，估计如心间不用平梁，全部下平槫均可由铺作层承托，而使用平梁仅仅为了支承脊槫。这一设想有一个可供参考的实例：建于辽代末期乾统五年（公元1105年）的易县开元寺观音殿[2]，三间四椽厦两头造，全殿屋盖构造只用两条平梁，别无大梁，而平梁及全部下平槫均由铺作里转支承。可以认为这一实例正是山门屋盖构造形式的发展。

屋盖的举高、檐出已详前两节分析，大致同于《法式》规定，只是为了满足构图的要求略有调整，兹不赘述。唯椽平长较短，侧面四间分为八椽，椽长自下至上为

---

① 李诫：《营造法式（陈明达点注本）》第一册卷五《大木作制度二·柱》，第103页。
② 刘敦桢：《河北省西部古建筑调查纪略》，《中国营造学社汇刊》，第五卷第四期。

81、92、107、107 份［表7］。以《法式》标准 150 份衡量，如按上屋总进深 775 份，分为六椽，每椽也不过 130 份左右，何以必须分为八椽？这可能有两个原因：一是当时还不习惯槫缝不对柱缝的做法；二是屋盖用厦两头造，分为六椽转过一椽太少，转过两椽又太多，以分为八椽转过两椽最为恰当。

山门侧面间广 269 份，分为两椽，下一椽长 117 份，上一椽长 152 份。上一椽已达《法式》椽长的上限，可知当时椽长制度大致与《法式》相同。

两建筑椽长均自下至上逐椽递增，应为有意识的安排。这在同时期建筑中也是常见情况，如应县木塔即逐椽递增 6～7 份。这一现象迄今尚无法解释。但下一椽虽最短，实际却是包括下平槫缝、出跳、檐出三项总长的一条整料，例如观音阁椽长 81 份，出跳长 112 份，檐出 83 份［表7、8］，三项共计 276 份；山门下一椽长 117 份，出跳长 52.5 份，檐出 110 份，三项共计 279.5 份。前者实长 469 厘米，后者 447 厘米。故可能是为减小这一实际长度而缩小最下一椽平长。至于山门最下一椽的长度，同时还要受补间铺作里转跳长的限制，117 份已接近出四跳、逐跳长 30 份的上限。

（三）铺作构造层

古代建筑中的铺作是结构的重要部分，凡构造复杂、规模较大、较重要的建筑，都要用铺作。它又是古代建筑中变化发展最大、最显著的部分，尤其以唐辽与宋金期间的变化较为显著。如独乐寺与上下相距百年左右的唐佛光寺大殿、辽应县木塔比较，从铺作的整体构造到细部手法基本相近似，没有大变化。而独乐寺与宋代的晋祠圣母殿及《法式》相比较，则仅是一些细部的形式及比例——如栱、斗的长、宽、高，卷杀、出跳份数、斗的耳平欹等——仍无多大变化，其构造则大不相同。因此，我们在分析铺作构造前，首先需要明确或改变从《法式》得来的某些概念。

以《法式》为标准的宋代铺作，是指由栱、斗等组成的构造单位，每一单位称一"朵"。观音阁与此完全不同，其各层铺作［插图一八］都是外檐铺作与身槽内铺作相连制作。其铺作里转有两条通长的足材或单材方连成一个与梢间间广（或外槽深）等长的构造，这方子伸出两端柱中线以外，即成为出跳栱。所以没有外檐铺作、身槽内铺作的显著分界，也不应看作是两个构造。我们现在姑且将这种两个柱头上相连的铺作称为"横架"，也许更切合实际情况。它的两端即柱头铺作。同上情况不在柱头上而在内外阑额上的，则称为"辅助横架"，它的两端即补间铺作。

与建筑的正面或侧面相平行的铺作，其构造原则与横架相同，以与间广等长的四至五层栱方相连，并且逐间接续，至角柱中线才伸出柱外成为出跳栱。所以它是与总广或总深相等的通长构造，现在姑且称它为"纵架"。在纵架两侧，平行于纵架、安放在横架出跳栱上的栱方构造则称为"辅助纵架"。

如上所述及[插图一九]，观音阁全部铺作层构造即系于两圈纵架之间、用若干横架（包括内外两角柱之间45°线上的斜横架）连接成的铺作构造层。而且横架与纵架的构件，又是互相交错层叠结合成的整体。从图上还可看到原称为"朵"的铺作，实质是横架和纵架构造的结合点。上屋、下屋纵架各高5材4栔（不计栌斗，下同），平坐纵架高4材3栔；全部横架高4材3栔。简言之，铺作层是一个长沿四周广，进深一间，框形中空，高5材4栔或4材3栔的整体构造。它的下面在每个纵横架交点各用一个栌斗，坐在柱额层的各个柱头之上。这样的构造平面形式，就称为"金箱斗底槽"。

这个框形铺作层中心的面积，广三间深四椽，即内槽。内槽可以有几种构造形式。观音阁是利用它形成通联上下各层的筒形空间，以便安放观音像。在平坐铺作层则于四角另增纵架一缝，上铺地面版（详平面设计一节），以增加上屋楼面面积。屋盖层下的铺作层则于内槽加用四椽明栿承平闇藻井。也有在上屋之下的铺作层中心加四椽栿地面方、铺版方，上铺地面版，使其全部成为楼面面积的形式（如应县木塔）。

山门的铺作层构造，是于外檐用一周纵架，纵中线上一条纵架，再于心间两侧各用两个横架连接成整体的构造。纵架、横架均高4材3栔。在纵横架结合点下用栌斗与其下的柱额层相叠合[插图一二]，所以这个构造层是一个长3间、宽4椽，又在中间加1个纵架和4个横架，使平面形成6个长方格，高4材3栔的整体构造。这样的平面形式，就名为"分心斗底槽"。

1. 纵架构造

山门外檐柱中线上，自栌斗口上用单栱承素方四重，最上一方承椽。据观音阁及其他同时代建筑，一般五铺作以上，纵架之上不直接承椽，又《法式》卷四"总铺作次序""五铺作一抄一昂，若下一抄偷心，则泥道重栱上施素方，方上又施令栱，栱上施承椽方"[①]，可知最上一方应为屋盖层的构件"承椽方"。因铺作铺数小，致此方位置正与纵架相接，故纵架实高仍应为4材3栔。纵架内外均不用辅助纵架，仅外跳跳头上安令栱承替木撩风榑。

观音阁平坐纵架用单栱上承三方，高4材3栔，下屋身内构造亦为平坐，纵架高亦4材3栔。下屋外檐及上屋均为单栱上承四方，高5材4栔。参照同时代其他建筑及《法式》卷四"总铺作次序"的规定，似可得出结论：凡出两跳、三跳，纵架高4材3栔；凡出四跳，纵架高5材4栔；必要时可以各增高1材1栔。

铺作构造层的总高如以纵架为准，并按标准材计，观音阁平坐4材3栔合141厘米，观音阁上屋及下屋外檐纵架高5材4栔合179.5厘米，山门纵架高4材3栔合133.5厘米。可见铺作层的整体构造是很坚强的。

2. 辅助纵架

辅助纵架的构造形式多样，今仅试作初步分析。

（1）平坐外檐外转出三跳，每跳出均有辅助纵架，第一跳上用重栱一方，第二跳上用单栱一方，第三跳上仅用一方不用栱；三条方的位置均上与纵架齐平。可以认为辅助纵架的主要构件即此三条罗汉方，其下的栱只是将方垫高至一定位置，故可以用栱也可以不用栱，可以用单栱也可以用重栱。因此，所谓单栱造、重栱造，是据罗汉方的位置决定的。

（2）平坐辅助纵架仅用于外檐外转，外槽之内可以不用。又下屋外槽外侧用辅助

---

① 李诫：《营造法式（陈明达点注本）》第一册卷四《大木作制度一·总铺作次序》，第91页。

纵架，其位置距纵架两跳，上与纵架齐平，而外槽内侧不用辅助纵架。上屋外槽两侧均用辅助纵架，各距纵架一跳，其上皮低于纵架 1 材 1 栔。以上现象说明，外槽内的辅助纵架仅为安放平闇而设，故其位置远近、高低均可灵活处理。

（3）下屋、上屋外檐外转及上屋身内外转均出四跳，又均于第二跳上用辅助纵架，重栱一方，上与纵架齐平。而平坐身内外挑出两跳，不用辅助纵架；山门外转出两跳，亦不用辅助纵架。两相对照，似是横架外转挑出较远时，才加用辅助纵架，其目的在于保证挑出构件的稳定，不使左右摆动；尤其使用下昂时，昂身与横架的连接较弱，更需用辅助纵架加强。这就是辅助纵架的构造作用，所以它必须位于挑出部分的中部即第二跳上；因为挑出的最长构件在最上，又必须与纵架上皮齐平，而与纵架相距仅一跳的位置是不需用辅助纵架的，外槽之内更无必要，故五铺作一般均不用辅助纵架。综合上述情况，可知偷心造、计心造实质就是用不用辅助纵架的结果。从而《法式》卷四"总铺作次序"记录的五铺作下一抄偷心、七铺作六铺作下一抄偷心、八铺作下两抄偷心等，正指出了各铺作应用辅助纵架的位置。

（4）平坐外檐外转逐跳均用辅助纵架是特殊情况。故《法式》卷四"平坐"中特别指出："其铺作宜用重栱及逐跳计心造作。"[①]

（5）观音阁上屋及山门，均于转角处与角华栱成直角加抹角栱两跳。此抹角栱均通过角柱中线与正侧两面成45°角，其长至两面的辅助纵架（或撩风榑）之下，应是加强外侧辅助纵架与纵架的连接以及加强纵架框形构造的四角，使不致变形。山门铺作层构造不用45°转角斜横架，观音阁上屋外跳用下昂，都是铺作层构造上的弱点。可见加用此项抹角栱是必需的构造措施。

3. 横架构造

位于外檐、身内柱顶之上，连接两纵架的构造即横架［插图二六］。观音阁下屋、平坐、上屋各有横架 18 缝（包括四角外檐角柱与身内角柱间的 4 个斜缝）。横架长同

---

① 李诫:《营造法式（陈明达点注本）》第一册卷四《大木作制度一·平坐》，第 92 页。

外槽（一般为两椽平长），两端伸出纵架之外，成为出跳栱（即柱头或转角铺作）。横架与纵架的结合是从下至上各个构件交叉层叠而成，因此横架的高度原则上需与纵架相等。现知唐辽殿堂结构形式的建筑中，横架构造有两种形式，恰巧观音阁、山门就是这两种构造形式的典型。现在我们先讨论横架的主体部分，两端伸出纵架之外的栱、昂出跳以后另作讨论。

观音阁下屋横架［插图二一］，外侧用两跳华栱，栱上一条足材方，一跳华栱又一条单材方，共5材4栔，正与纵架等高。其里侧最下只用一跳华栱，故高仅4材3栔，但亦与身内纵架等高。平坐横架构造原则相同。共用两栱两方，因平坐之内为暗层，故省略了栱头卷杀等装饰性处理，并不用小斗。上屋横架本应同下屋外侧，最下用两跳华栱，但因外转使用下昂，横架最上一方受昂身阻碍，不能与纵架结合而改为最下只用一栱，将全横架降低，俾与纵架相接，致使横架高较纵架减少1材1栔。如上所述，可见横架构造以一栱一方相间为原则，一般共享两栱两方，必要时可在下面再加一栱。以上为当时横架的一般构造形式，多用于规模较大房屋或多层楼阁。

山门横架构造由两跳华栱上承一条乳栿组成，其高仍同纵架4材3栔，用于心间平柱与中柱上，共有4缝。为什么山门横架不同于观音阁？我以为山门是彻上明造，铺作层上不用草乳栿，于是将横架中的通长方加大，改为明乳栿，致使草乳栿和横架合而为一，成为这种两跳华栱上托一条大梁的简单形式。在当时，这种横架构造形式只用于规模较小的房屋，后来大概是因为构造简易，竟发展成为最普遍的横架形式。

4. 辅助横架

观音阁平坐除梢间以外的各间中部，均用辅助横架。亦内外相连制作，两侧伸出纵架之外成出跳栱（即补间铺作），共有10架。全横架只有最上一方内外通联制作，其上铺地面版，兼有铺版方的功能。平坐上横架与辅助横架的间距，亦即地面版的跨度，相当于一椽平长。

辅助横架下或用栌斗，坐于普拍方上，如正面各间；或不用栌斗，只用直斗支承于普拍方上，即自下减一铺如侧面心间。

5. 半横架

半横架是辅助横架的另一种形式，所在位置完全与辅助横架相同，只是外檐、身内分别制作，不相联系，如同将一个辅助横架中分为二，所以也可称为半横架。用于观音阁上屋外檐、身内，除梢间以外的各间中部的，共有20缝；用于观音阁平坐外檐梢间的8缝；用于山门外檐各间及转角的共14缝。除山门转角4缝外，一律不用栌斗，只用直斗支承，立于阑额或普拍方上，均自下减一铺。此三处半横架的具体构造又各不相同。

观音阁平坐所用，其构造均自下减一铺，最上一方只至角内与斜横架相接合。观音阁上屋半横架一律于纵架外侧出两跳，里侧出一跳，总长仅三跳，跳头上用令栱承托内外辅助纵架。故其功能是加强辅助纵架与纵架的联系以及支承辅助纵架中部，勿使弯垂。山门转角半横架，外侧出跳同横架，里侧出华栱五跳；其余各间中部半横架，一律于纵架外侧出两跳，跳头直承替木撩风槫不用令栱（即自下减一铺），里侧一律出华栱四跳。前后心间两个半横架的华栱，均上承下平槫之下的槫间中部，梢间两面及转角内侧3个半横架的华栱，则共同支承正侧两面下平槫下的槫间尾端及交点。山门半横架的构造直接与屋盖构造相联系，是古代殿堂结构形式的特例，已在前面分析屋盖层构造时详述，兹不再赘。

6. 出跳及栱昂

出跳及栱昂，即横架两端伸出纵架之外成为出跳栱，或更在出跳栱上加下昂。这个情况从外观形式看，以出跳栱为中心，连同跳上栱方（即辅助纵架），就似乎是一组单独的铺作构造——"朵"。但何以出现这个形式，还需从构造着眼。要使两条互成一定角度的木料结合起来，使用交叉成十字形的方法，较平接成T字形或转角处成"⌐"形要牢固可靠，而且操作简易，这是不言而喻的。大概在原始社会用绳索捆绑屋架时，就明白了这个道理。所以，横架与纵架相交，每个构件均伸出一小段头头，是构造的必然结果。看那些井干构造房屋的转角，不是都显露出两列短头吗？如何将这些长短不一的短头美化，如何利用它，一定也是早已被注意的问题。

7. 铺作出跳

所谓铺作出跳，正是美化兼利用的结果：使其一跳比一跳长，将檐部挑出加大，跳头上承托辅助纵架，使它加强纵架的作用，等等。现在看到的铺作形式，自是经过长期实践、不断改进的结果，并且制定了一定的制度。在实物中，正如我们在观音阁所见，最大出四跳，而在《法式》卷四"栱"中是"每跳之长心不过三十分，传跳虽多不过一百五十分"[1]，是可以多至五跳的。这是实物没有被保存，或是《法式》时的改变，现尚无从知悉，但"每跳之长心不过三十分"，仍基本相同。

实测出跳份数详见表10。其中观音阁上屋外檐第三跳长30份，第四跳长32份；上屋外檐外跳、身内里跳、下屋外檐外跳、平坐身内外跳等第一跳，各长29份；山门外檐第一跳长31份，补间铺作里跳、身内铺作等第一跳各长30份；山门补间铺作里跳第二至第四跳各长29份等等，均与《法式》规定"心不过三十分"仅有1至2份的出入。而最短出跳为观音阁平坐身内外跳第二跳，长17份，较《法式》最短出跳长14份大3份。上述情况如按《法式》规定的上下限看，大体相近。《法式》又有出跳减短的制度，独乐寺两建筑出跳长短不一，似亦有减短出跳制度，不过目前还未找到它的规律。《法式》卷四"栱"中规定"平坐出跳，抄栱并不减"[2]，此阁平坐却同样减短，是其不同之处。

8. 栱昂

最后，再看用栱昂。观音阁上、下屋均出四跳七铺作，而下屋出华栱四跳，上屋出两华栱两下昂。同一建筑的上下两层采用不同构造，是否与结构力学有关，现在还未能确定，是必须继续探讨的问题。但据现状分析，两下昂共将撩风槫背的位置降低了23份。现在屋盖较总轮廓低8份，若不用下昂，则屋盖将高出总轮廓15份，同时屋内平闇、藻井的位置亦将随之提高。可见从建筑形式上看，使用下昂有显著的作用。

---

[1] 李诫：《营造法式（陈明达点注本）》第一册卷四《大木作制度一·栱》，第76~77页。
[2] 同上书，第76页。

结语——关于建筑发展史的几个问题

对独乐寺两建筑的研究，其目的是对唐辽时期的建筑形式、结构形式和材份制的设计方法，取得进一步的了解。

本文肯定了观音阁正是《法式》中的殿堂结构金箱斗底槽形式，对其分槽、分层构造的原则，间广层高的材份，平面、立面各部分的比例等细节，都取得详细的了解、具体的数字。凡此，又和《木塔》的分析结果以及《大木作研究》中的推论相符，似可肯定上项研究结果是唐辽时期建筑的一般规律。其详细内容分见各章节，兹不再赘，仅就其中有关建筑史的一些重大问题综述如下，以代结论。

（一）"阁道""楼阁"与殿堂结构分槽形式

观音阁于下屋外檐屋盖之上安铺作层，上屋檐柱又立于铺作中心，应是屋上建屋的"楼"。而从屋内看，却是在两重平坐上建上屋，又应是平坐上建屋的"阁"。这个内外不一致的现象，反映出由阁道发展成楼阁的进程和变化，也无怪乎楼、阁这两个名称易于混淆。

《法式》卷四"平坐"注："其名有五：一曰阁道，二曰墱道，三曰飞陛，四曰平坐，五曰鼓坐。"[1] 卷一《总释上·平坐》注："今俗谓之平坐，亦曰鼓坐。"[2] 可知平坐、鼓坐是宋代的通称。如宋郭若虚《图画见闻志》卷一叙制作楷模中所称"虎坐"，又

---

[1] 李诫：《营造法式（陈明达点注本）》第一册卷四《大木作制度一·平坐》，第92页。
[2] 同上书，第一册卷一《总释上·平坐》，第18页。

应为"鼓坐"的音讹，则阁道、墱道、飞陛应为古名。这不是简单的名称问题，而是为探索殿堂结构形式提供了重要线索。

自从战国时"高台榭、美宫室"以来，宫室多成组群地建于高台之上，为了解决这些宫室间的交通，出现了阁道。秦始皇时又必有所发展，故《史记》有"殿屋复道，周阁相属"[1]之说。至汉而大盛，《三辅黄图》记汉武帝作建章宫"乃于宫西跨城池作飞阁通建章宫"[2]，又有"飞阁"之名。《西都赋》《西京赋》中阁道之名累见，或写作"陛道""墱道"，总之都是高架的通道。

"陛"这个名称是很古老的，系由平地升至台榭上的阶级，而用木结构架空的阶级称为"飞陛"。陛本不同于道，飞陛或因其构造类同于阁道，所以，至后代也成为阁道的另一称谓。

那么，何以知道阁道即是平坐的古称？

观音阁平坐正巧揭示出这个奥秘。据插图一八、一九，如将平坐（省去上屋柱额等以上部分）分离出来，就成为前后相同的两个构造，每一个都是两条柱子上托一缝横架的形式。设若每隔一间建立一缝同样的构造，并将各缝柱头用纵架联系，上铺地面版，即成为一条架空的露天走道。而这种构造形式，又必定取法于栈道。阁道的进一步改进，必定是在道上加柱额、屋盖，成为不露天的走道，只需将观音阁的屋盖及其下的铺作撤去，另在外槽上用四或五铺作，上加长两椽、两面坡的屋盖，大致就是阁道的原形。这就可以理解何以平坐又名阁道。

从构造的角度看，殿堂分槽结构形式必定是由阁道构造发展成的。我们看到的单层建筑如佛光寺大殿，它的外槽恰恰是一个深两椽的阁道构造形式；而观音阁的外槽，则由三个深两椽的阁道构造上下重叠而成。从插图一八、一九还可看出，两个阁道相距四椽，在上屋前后阁道间加一条四椽明栿，即构成内槽的平闇、藻井，上面再加一个总长八椽的屋盖，就成为一座楼阁。当然，以上是就总的形式概而言之，从创始至

① 司马迁：《史记·秦始皇本纪》，中华书局，1954，第一册第 239 页。
② 阙名氏著、张宗祥校录：《校正三辅黄图》，古典文学出版社，1958，第 19 页。

达到观音阁的形式，必定经过许多改革才取得这样的成果。由此又可进一步推测，殿堂金箱斗底槽及双槽——前者是环殿堂四周用阁道构造建成外槽，后者是只在殿堂前后各用一个阁道构造建成外槽——应是最早的或基本的形式。只有前（或后）侧一个阁道构造的单槽和两个阁道构造相并的分心斗底槽，是随后发展的形式。

从时间上看，阁道源于栈道。栈道之兴当在战国之初，"高台榭、美宫室"之时，已开始利用于宫殿之间，至西汉时已能作跨越城池的宏伟飞阁。而利用阁道构造形式建造殿堂、楼阁，或在西汉以后。发展成熟如观音阁形式，就现有实例推测，当不晚于初唐。

现有唐辽建筑之用殿堂结构形式者，共仅五例，其中四例——佛光寺大殿、独乐寺观音阁、佛宫寺释迦塔、下华严寺薄伽教藏殿等，均为金箱斗底槽形式，足以窥见其在唐辽两代曾盛行一时。北宋以迄南宋殿堂结构亦有五例，其中仅隆兴寺摩尼殿、玄妙观三清殿两例为金箱斗底槽，而其构造细节变化甚大。元代建筑如北岳庙德宁殿、永乐宫三清殿等，变化更大，尤其铺作构造层已萎缩纤弱，但尚存分槽原则。沿至明清，殿堂结构已废而不用，仅偶或尚见分槽表面形式的遗痕。

（二）所充实的材份制的内容

大木作制度是古代建筑的重要部分，而材份制又是大木作制度的核心。本文从两个方面研究了材份制。一是对用材份制定的各种规范，包括间广、椽长、柱高、层高以至各构件的截面进行了核对、比较；二是探讨材份制的应用，包括结构、平面、立面、断面的设计方法、构图等。

我国古代建筑很早就实现了标准化、定型化。标准化的一个重要内容就是普遍制定了规范，所以宋代的《法式》详尽记录了当时的规范。通过各种时代规范的变更，探求建筑发展的过程，就成为研究建筑发展的一条必经之路。独乐寺两建筑的规范，绝大部分与《法式》相同或相近，可证《法式》规范来自早期的传统。也有少数与《法式》不同之处，例如标准间广的材份与《法式》相同，然而间广与铺作朵数绝无关系，则又可知以铺作朵数定间广的规范，是《法式》时期的创新，从而导致辽宋以后铺作构造的巨大变化。

我对古代建筑设计、构图的研究，是从《木塔》开始的。当时得到的成果，如多层房屋的分层及层高、层高与间广的关系，在独乐寺两建筑中都再次得到相同的结果，只是在细节上有所增补。而构图的分析探讨，则超过了《木塔》，有新的发现和收获。独乐寺两建筑的构图是如此严密，不仅立面图案的本身完美，而且立面图案又是断面所见内容的表现，并和材份有明确的关系。甚至观音阁的塑像也自成一幅图案，并且与建筑构图密切联系，真是出乎意料的收获。

总之，本文在材份制的规范和设计应用方面，都取得一些新的成果。详细内容，分别见于各章节中，不再重复。而能够取得这些新的成果，主要是采取了一个新的研究方法。

（三）复原成材份的研究方法

所谓新的研究方法，就是将一切实测数据折合成材份，以利于分析比较。在《大木作研究》中，明确了宋代材份制的要点及其材份，则是实例与《法式》规范相比的基础。因为各个实例所用的材等、材份不同，只有折合成材份后，才能和《法式》的既知规范成为可比数，各个实例均折合成材份，彼此之间也才能成为可比数，然后才得以从分析比较中引导出变化的规律。例如对应县木塔的研究，完全是以用公制测量的资料为依据。当时整理分析大量数字的工作繁重费时，效率低而难于发现重要的、关键的问题，也无从和《法式》对照。在本文的研究中，先将一切实测资料折算成"份"数，或再进一步折算成"材"数，就较易于看出各数据之间的关系。例如观音阁正面总广1993厘米，梢间广332厘米，两数之间的关系不易察觉。折算成"份"后得1172份和195份，仍看不出两数间的关系。待再进一步折成"材"，即得出78材和13材，此时就察觉到13材×6 = 78材的关系。

而在综合分析研究古代建筑的设计原则及规范时，只有折成材份后，才能找出它们的异同。因为我们既已知道古代建筑是"以材为祖"，按材份进行设计，按材份制定规范，现找出它们的材等份值，按实际尺寸折合出材份数，也就是恢复了它原来的规范，当然易于了解原设计的原则。例如佛光寺大殿心间广 504 厘米，柱高 499 厘米，观音阁标准间广 431 厘米，柱高、层高 432 厘米，所看到的是两个不同材等的实际尺寸的大小，而不能知道两建筑的设计准则。当折算成材后，看到两个建筑的标准间广、柱高、层高都是 17 材，就明确了它们是用同一个标准设计的。

用方格网分析建筑的构图，并推测它可能就是当时的设计方法，也是一个新的收获。正是在分析实测资料并折合成材份时，首先发现观音阁总广与梢间广的关系是 13 材 ×6，由此取得突破，随后又发现了总高也略为 13 材 ×6，而标准间广、层高与梢间广的关系是 17 材 ×3 ≈ 13 材 ×4 等等数字，使我们能够确定观音阁用 13 材格网，山门用 9 材格网。其结果已详见本文三、四节。我在《木塔》中曾得出构图是按数学规律设计的结论，即图案是按数字比例设计的。现在观音阁、山门的图案，不但说明那个结论的正确性，而且还与"材"相联系，使建筑构图也成为"以材为祖"的一个内容。

（四）关于古代的建筑设计图

最后，对独乐寺两建筑的研究，还使我们增加了对古代建筑设计图样的知识。在历次编写建筑史时，由于缺乏系统的具体的数据，均未涉及设计图，以致产生了古代建筑不做设计图的误解。实际在史籍中关于建筑图样、模型的记录屡见不鲜，惜仅见文字不见实物，难知其详。1974—1978 年发掘战国中山王𰻝墓，出土一块"兆域图"，它是一幅陵园建筑的总平面图，按比例尺准确绘出，铸于铜版上，约作于公元前四世纪末，这是现知时代最早的建筑平面设计图［插图二七］[1]。其次，便是《法式》中的地

---

[1] 河北省文物管理处:《河北省平山县战国时期中山国墓葬发掘简报》,《文物》1979 年第 1 期。

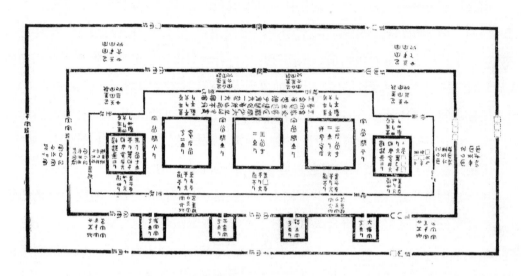

插图二七 "兆域图"铜版铭文摹本

盘图（平面）、侧样图（横断面），可以确断为当时的设计图。

至于本文分析构图采用方格网的方法，也并非杜撰。清代样式雷图纸中，即保存有这种方法。近承天津大学建筑系研究生王其亨同学见示某陵碑亭设计图复制品二纸[插图二八]，系同一碑亭的两个比较方案，以朱笔画方格，二分作一尺（即 1/50），墨笔作设计图。① 按明清建筑技术既然大多有其历史渊源，此种设计方法也必有其历史渊源，并非首创于明清。所以本文采用方格网方法，虽原意在便于分析研究，而就分析结果及参考样式雷图纸，当时竟是用此法设计，也未尝没有可能。

再从观音阁塑像与建筑的关系看，如两胁侍的位置安排，如上层为清除阻碍观瞻观音头像的视线而取消阑额的细致手法，都必须是在施工之前就已筹划妥帖，而不可能是在事后临时设法补救的。所以，当时不但有设计图纸，而且必定有全面细致的图纸以及分析比较的图纸。

---

① 此插图为王其亨教授提供。

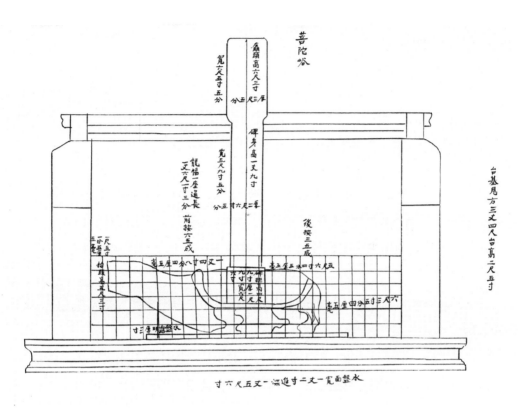

插图二八　样式雷图样式　某陵碑亭设计（复印本）

参考文献

［1］陈明达. 应县木塔［M］. 北京：文物出版社，1980.

［2］李诫. 营造法式［M］. 上海：商务印书馆，1933.

［3］陈明达. 营造法式大木作制度研究［M］. 北京：文物出版社，1993.

［4］傅熹年. 战国中山王譻墓出土的《兆域图》及其陵园规制的研究［J］. 考古学报，1980（1）.

［5］河北省文物管理处. 河北省平山县战国时期中山国墓葬发掘简报［J］. 文物，1979（1）.

［6］梁思成. 梁思成文集：第 1 卷［M］. 北京：中国建筑工业出版社，1982.

［7］姚承祖，张至刚. 营造法原［M］. 北京：建筑工程出版社，1959.

图　版

III　现状照片

III-1　全景

III-2　山门

Ⅲ-6 观音阁彩塑、壁画

III-7 附属建筑

I 历年测绘图

I–1 中国营造学社绘图（约1932—1937年7月）

图版 1 蓟县独乐寺观音阁复原想象图（水彩，梁思成、莫宗江绘）

图版 2　蓟县独乐寺观音阁山门平面图（莫宗江绘）

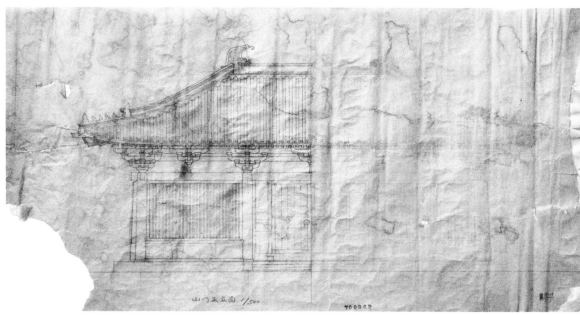

图版 3　独乐寺山门正立面图（草图，水残资料）

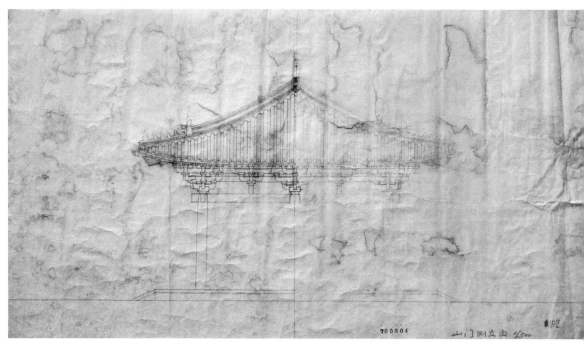

图版 4　山门侧立面图（草图，水残资料）

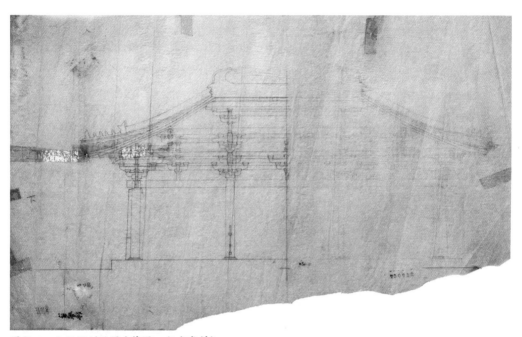

图版 5　山门纵剖面图（草图，水残资料）

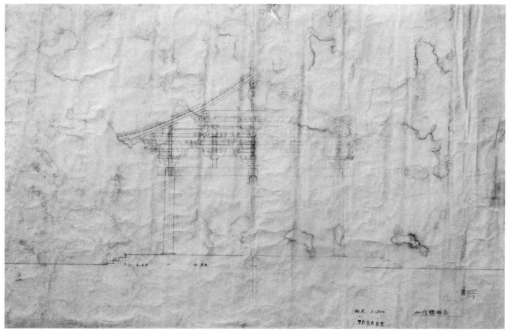

图版 6　山门横断面图（草图，水残资料）

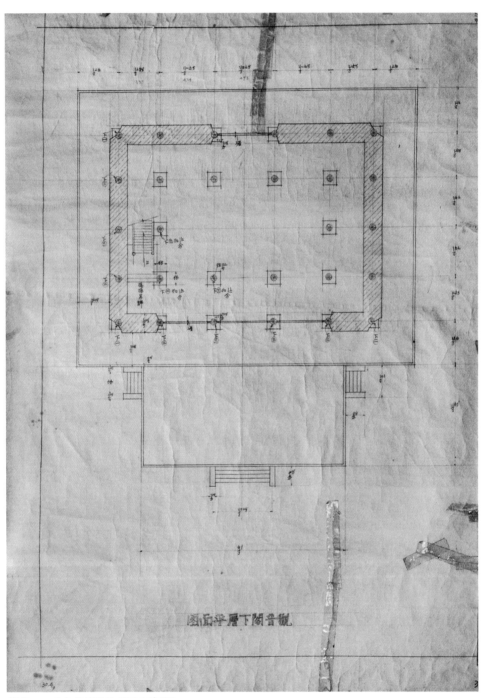

图版7 观音阁下层平面图（草图）

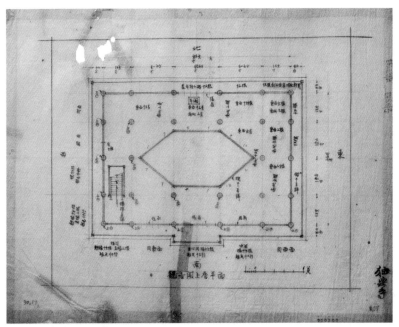

图版 8 观音阁上层平面图(草图)

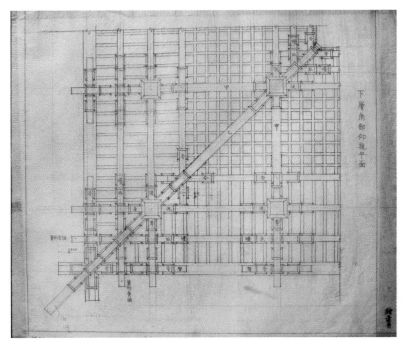

图版 9 观音阁下层角部仰视平面图(草图)

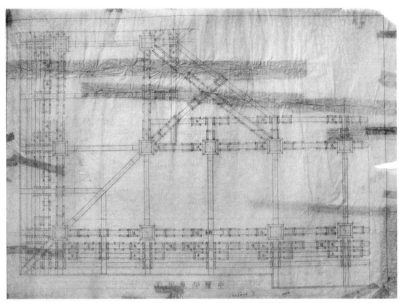

图版 10　观音阁中层仰视平面图（草图，残损）

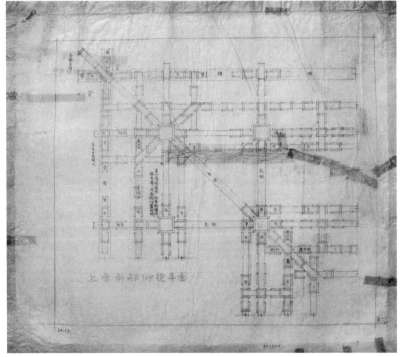

图版 11　观音阁上层角部仰视平面图（草图）

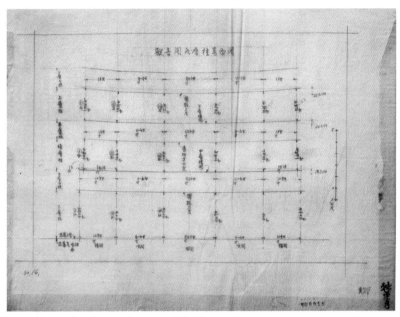

图版 12　观音阁各层柱高面阔图（草图）

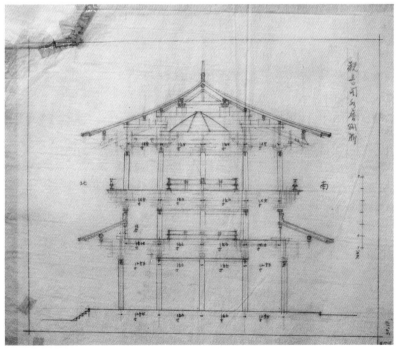

图版 13　观音阁各层侧脚图（草图）

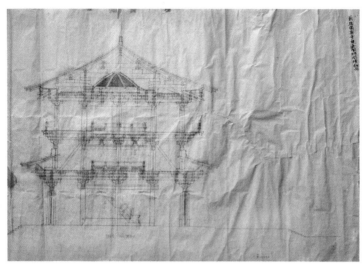

图版 14　观音阁明间断面图（草图）

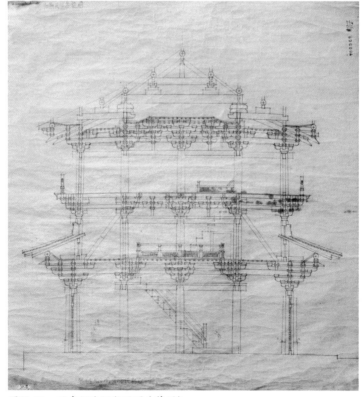

图版 15　观音阁次间断面图（草图）

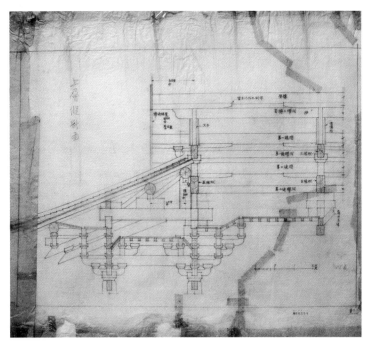

图版 16　观音阁上层纵断面图（草图）

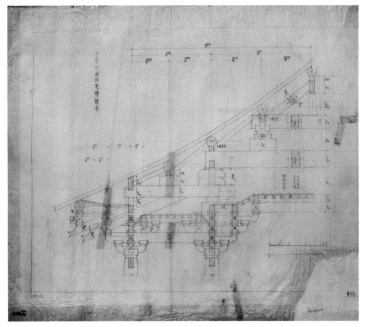

图版 17　观音阁上层明间柱斗横断面图（草图）

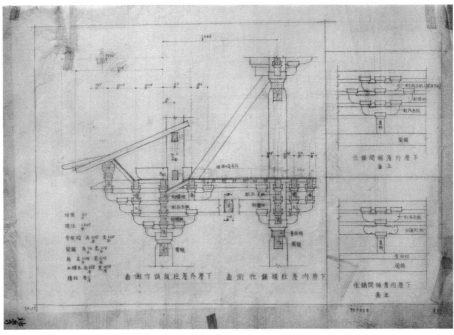

图版 18　观音阁下层内外檐等铺作图（草图）

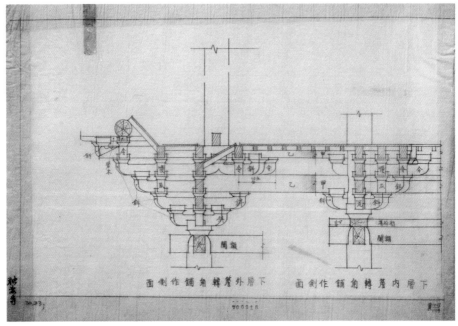

图版 19　观音阁下层内外檐等铺作侧面图（草图）

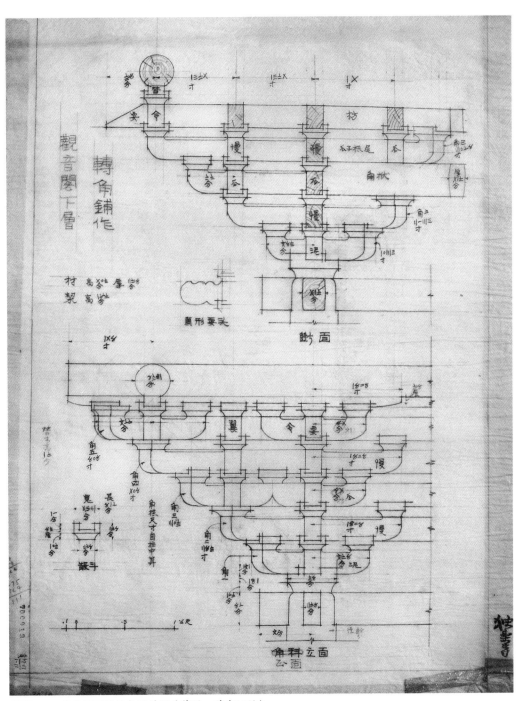

图版 20　观音阁下层转角铺作图（草图，莫宗江绘）

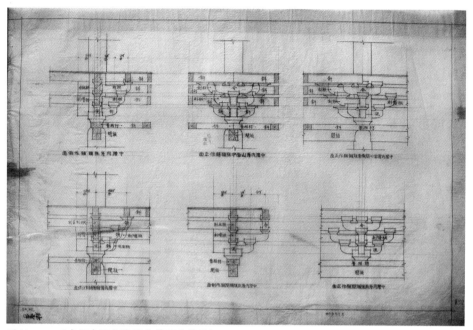

图版 21　观音阁中层内檐铺作等图（草图）

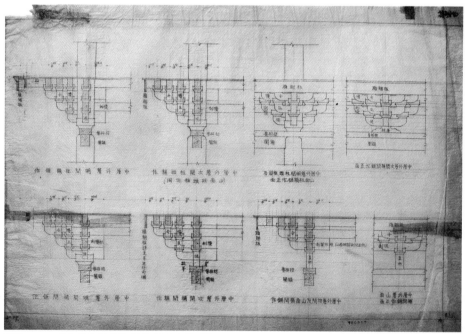

图版 22　观音阁中层外檐铺作等图（草图）

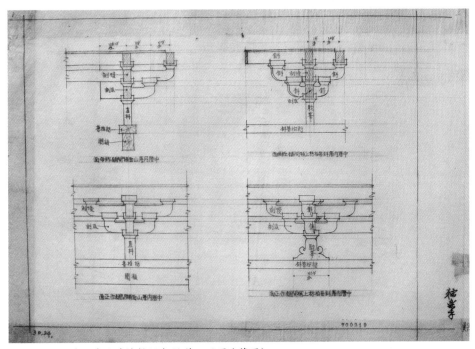

图版 23　观音阁中层外檐梢间各铺作正面图（草图）

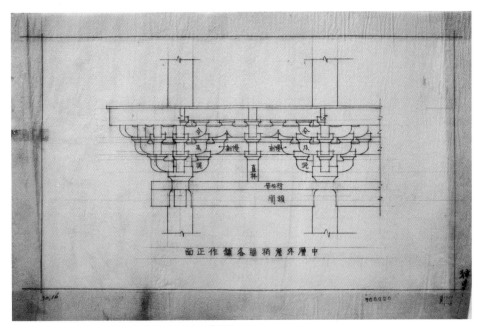

图版 24　观音阁中层外檐铺作正面图（草图）

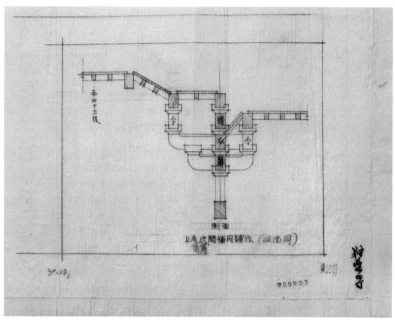

图版 25　观音阁上层内檐次间补间铺作图（草图）

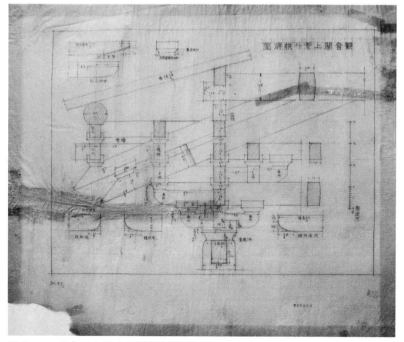

图版 26　观音阁上檐斗栱详图（草图）

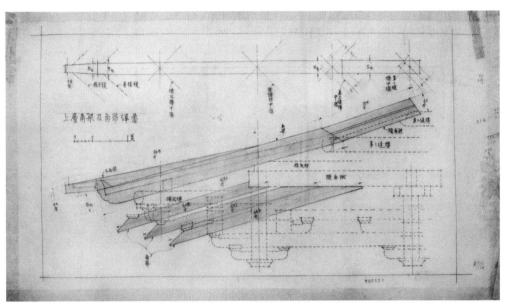

图版 27　观音阁上层角梁及角昂详图（草图）

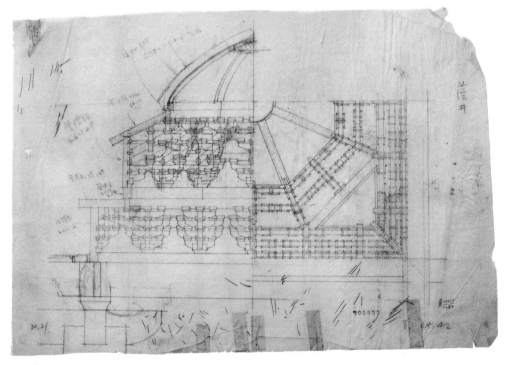

图版 28　观音阁藻井图之一（草稿）

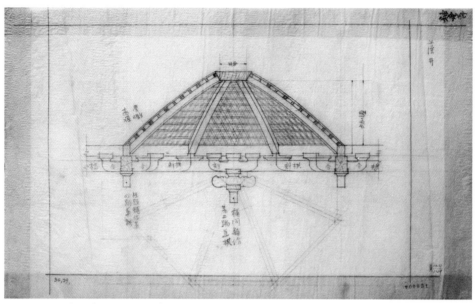

图版 29　观音阁藻井图之二（草图）

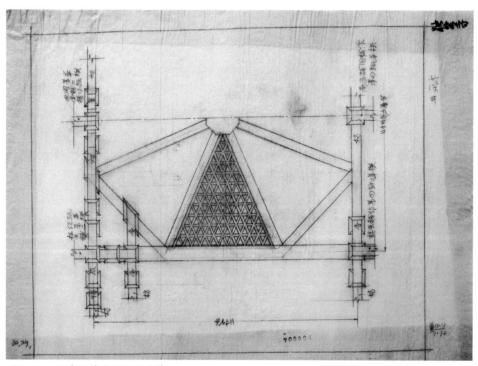

图版 30　观音阁藻井图之三（草图）

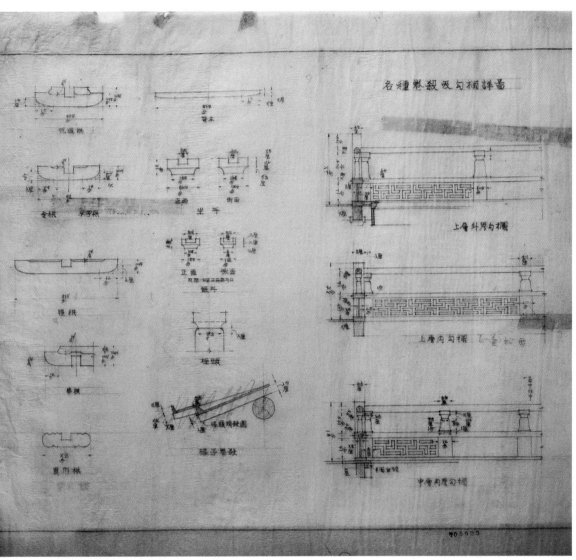

图版 31　观音阁各种卷杀及钩阑图（草图）

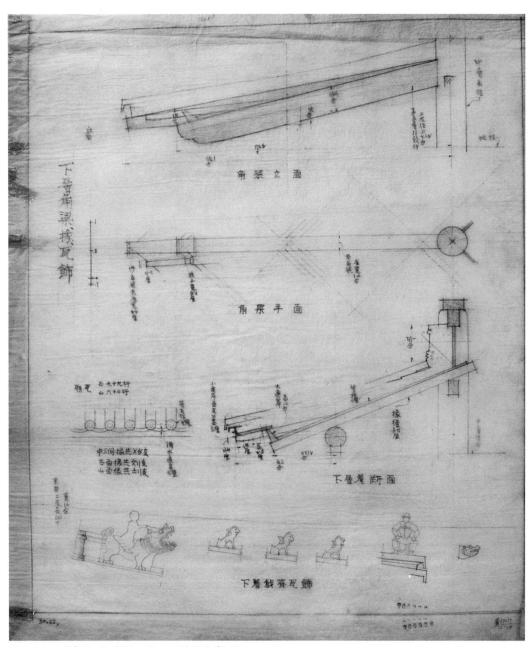

图版 32　观音阁下层角梁、椽、瓦饰图（草图）

104

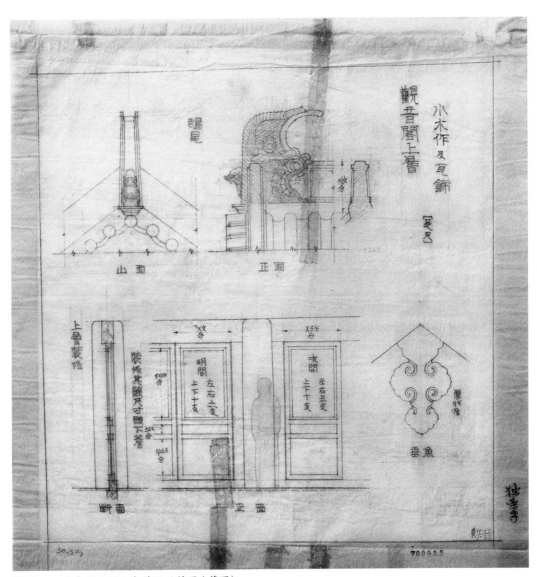

图版 33　观音阁上层小木作及瓦饰图（草图）

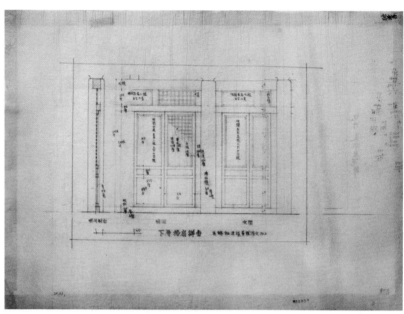

图版 34　观音阁下层槅扇详图（草图）

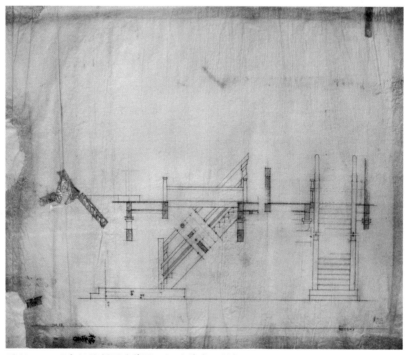

图版 35　观音阁楼梯图（草图，疑为莫宗江绘）

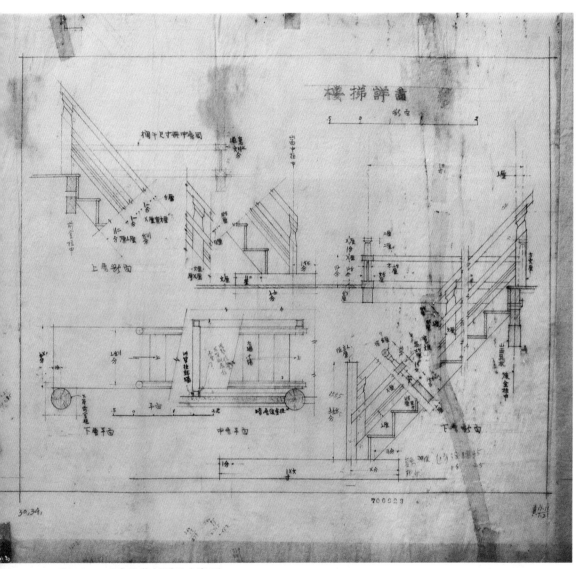

图版 36　观音阁楼梯详图（草图）

I-2 古代建筑修整所绘图（约1959—1963年）

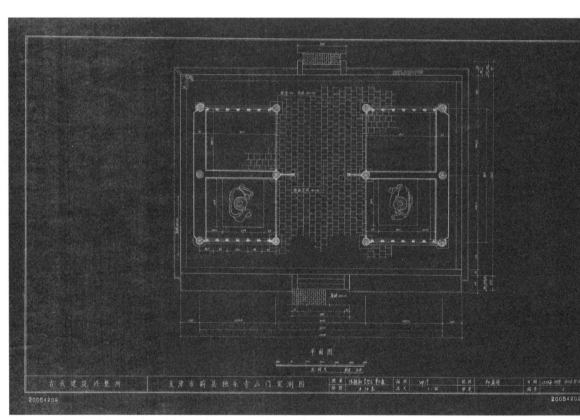

图版 37　蓟县独乐寺山门平面图（1959 年测，1963 年王汝蕙绘）

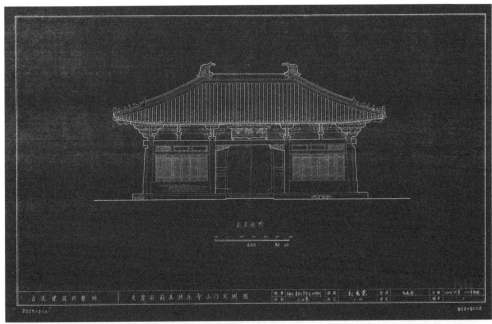

图版 38　山门正立面图（1959 年测，1963 年王汝蕙绘）

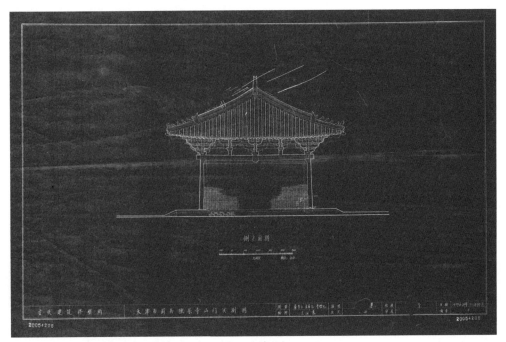

图版 39　山门侧立面图（1959 年测，1963 年王汝蕙绘）

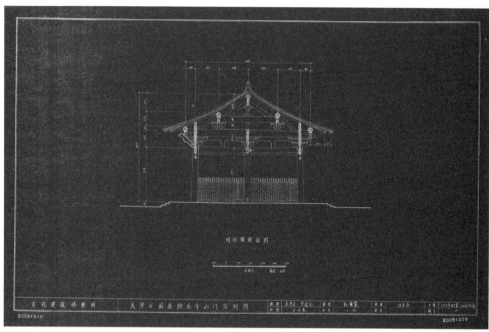

图版40　山门明间横断面图（1959年测，1963年王汝蕙绘）

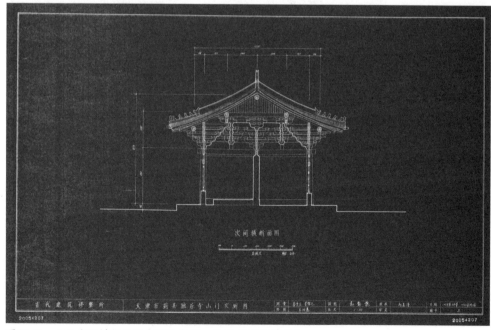

图版41　山门次间横断面图（1959年测，1963年王汝蕙绘）

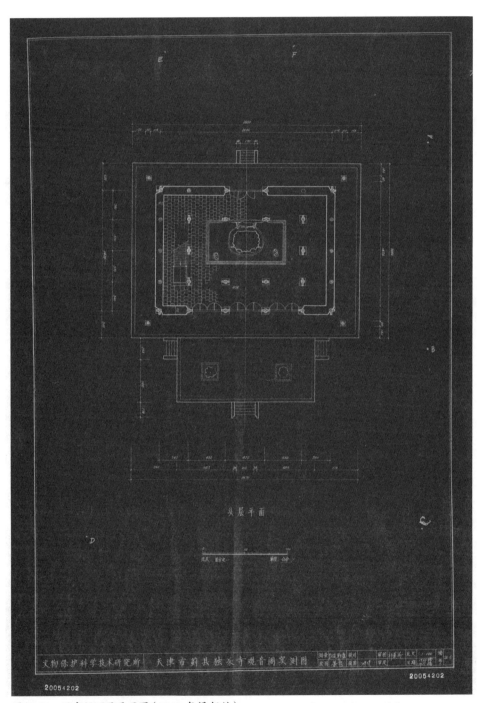

图版42 观音阁下层平面图(1963 年梁超绘)

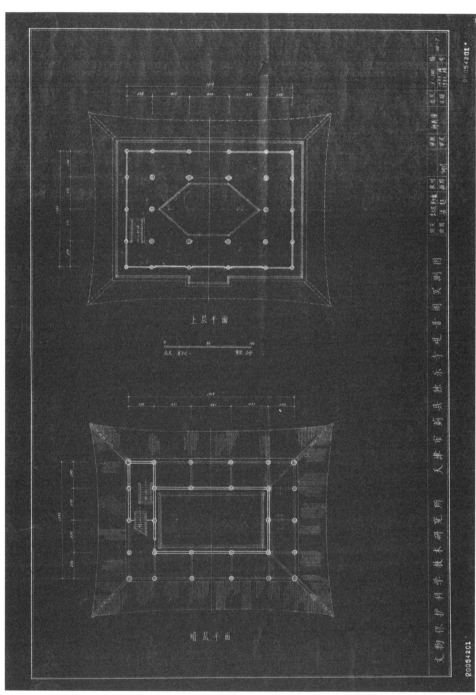

图版 43　观音阁上层、暗层平面图（1963 年梁超绘）

图版 44　观音阁侧立面图（1963 年梁超绘）

图版 45　观音阁后视纵断面图（1963 年梁超绘）

图版 46　观音阁明间横断面图（1963 年梁超绘）

图版 47　观音阁次间横断面图（1963 年梁超绘）

I−3 陈明达独乐寺建筑构图分析图稿（约1983年）

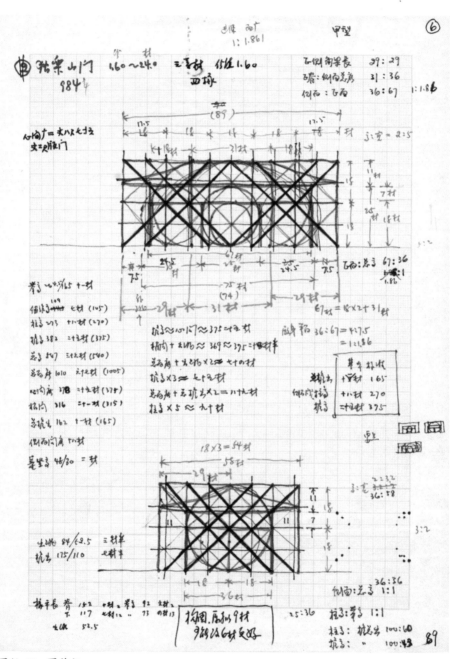

图版 48　图稿之一

116

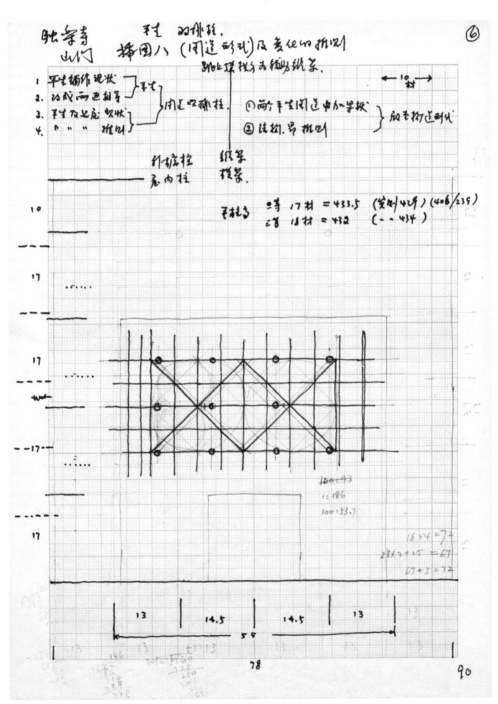

图版 49　图稿之二

II 历史照片（二十世纪三十至九十年代）

图版 50　1932 年梁思成等考察独乐寺之山门旧影

图版 51　1932 年梁思成等考察独乐寺之观音阁旧影

图版 52　山门转角铺作并补间铺作后尾（1932 年摄）

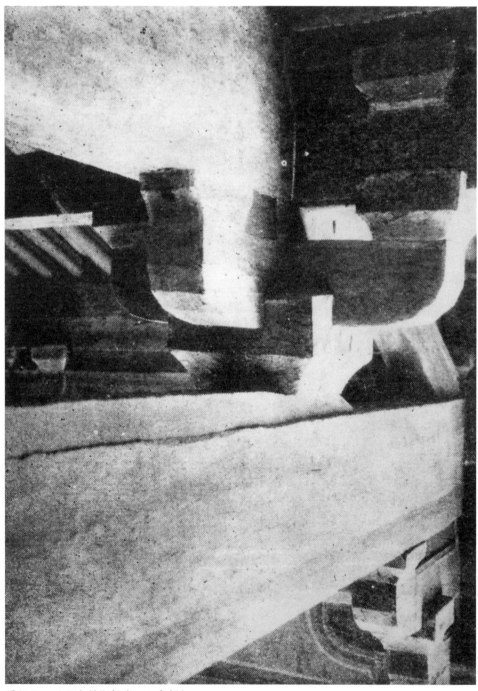

图版 53　山门大梁檄柁（1932 年摄）

图版 54　山门外檐转角铺作（1932 年摄）

图版 55　山门侏儒柱（1932 年摄）

图版 56　山门脊槫与侏儒柱并内檐补间铺作（1932 年摄）

图版 57　山门鸱尾（1932 年摄）

图版 58　观音阁下层内檐平坐铺作（1932 年摄）

图版 59　观音阁上层内檐铺作（1932 年摄）

图版 60　观音阁下层外檐柱头及补间铺作（1932 年摄）

图版 61　观音阁西面各层斗栱（1932 年摄）

图版 62　观音阁上层内檐北面柱头及当心间补间铺作（1932 年摄）

图版 63　二十世纪五十年代独乐寺观音阁全景（古代建筑修整所摄）

图版64　独乐寺山门北面全景（陈明达摄于二十世纪六十年代）

图版65　自独乐寺山门平视观音阁（陈明达摄于二十世纪六十年代）

图版 66 观音阁内景 观音立像（陈明达摄于二十世纪六十年代）

图版67　1976年唐山大地震后的独乐寺（图中前部为临时搭建的抗震棚，蓟县文管所摄）

图版68　大地震致使木材库倒塌（蓟县文管所摄）

图版 69　大地震后山门东北角微有残损，"柱已无侧脚，成垂直状，但整体完好"（蓟县文管所摄）

图版 70　大地震后山门东北、东南墙体部分坍塌而梁柱无损（蓟县文管所摄）

图版 71　1994—1998 年蓟县独乐寺落架大修　搭架大修场景

图版72　落架大修　挑脊

图版73　落架大修　支护栱眼壁

图版 74　落架大修　大木起吊

图版 75　1998 年大修竣工后的铺作层

Ⅲ 现状照片
Ⅲ-1 全景

图版76 蓟县独乐寺全景

图版77 寺内东侧全景

III-2 山门

图版78　山门南面全景

图版79　山门西南面近景

图版 80　自观音阁上层俯瞰山门北面

图版 81　山门东北面

图版 82　山门东侧面

图版 83　山门牌匾

图版 84　山门阶基之东北角兽

图版 85　山门屋脊、鸱吻

图版 86　山门脊兽

图版 87　山门外檐转角铺作

图版 88　山门外檐转角铺作仰视

图版 89　山门外檐柱头铺作之一

图版 90　山门外檐柱头铺作之二

图版 91　山门外檐补间铺作之一

图版 92　山门外檐补间铺作之二

图版 93　山门外檐明间檐柱雀替

图版 94　山门侧立面外檐铺作层

图版95　山门明间近景

图版96　山门内景（西侧）

图版 97　山门西侧金刚

图版 98　山门西侧次间壁画

图版 99　山门东侧金刚

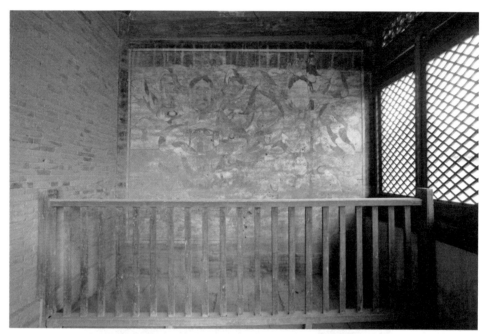

图版 100　山门东侧次间及壁画

图版 101　山门内部梁架（西侧之一）

图版 102　山门内部梁架（西侧之二）

图版 103　山门内檐转角铺作并补间铺作（东北角）

图版 104　山门内檐转角铺作并补间铺作（西北角）

图版 105　山门叉手、脊槫及侏儒柱

III-3 观音阁

图版 106　自山门平视观音阁

图版 107　观音阁正立面（南面）

图版 108　观音阁背立面（北面）

图版 109　观音阁西侧面（自西跨院平视）

图版 110　观音阁西侧面局部

图版 111　观音阁南面局部之一

图版 112　观音阁南面局部之二

图版 113　观音阁上层局部　平坐层及匾额

图版 114　自西跨院仰视观音阁上层及平坐层

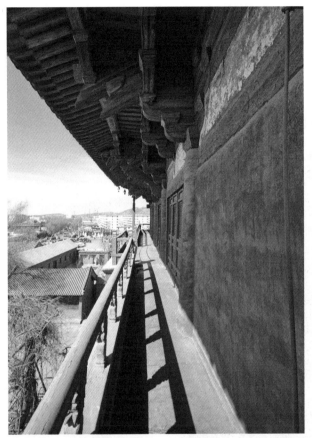

图版 115　平坐层南面钩阑及上层外檐

图版 116　平坐层东面钩阑及上层外檐

图版 117　观音阁下檐屋脊、脊兽之一

图版 118　观音阁下檐屋脊、脊兽之二

图版 119　观音阁上檐翼角细部

图版 120　观音阁屋顶瓦面及匾额

图版 121　观音阁屋顶之正脊鸱吻

III-4 观音阁外檐铺作

图版 122　下层东立面外檐柱头铺作与补间铺作

图版 123　下层东立面外檐柱头铺作近景

图版 124　下层外檐转角铺作及上层转角铺作　图版 125　下层外檐转角铺作之一

图版 126　下层外檐转角铺作之二

图版 127　下层东次间外檐铺作及栱眼壁

图版 128　下层东梢间外檐铺作及栱眼壁

图版 129　平坐层外檐铺作（局部）

图版 130　上层转角铺作及擎檐柱之一

图版 131　上层转角铺作及擎檐柱之二

III-5 观音阁室内梁架

图版 132　观音阁下层内景　外槽

图版 133　下层外槽梁架

图版 134　下层外槽梁架补间铺作

图版 135　下层内槽柱头铺作（后世加支撑木）　图版 136　下层内景　仰视观音立像

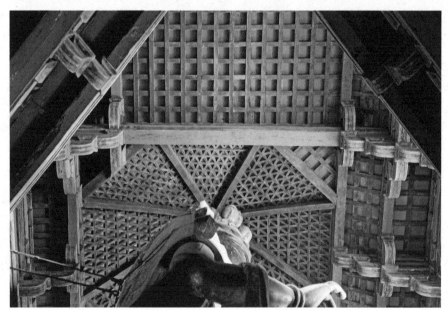

图版 137　自下层仰视上层藻井、平闇

图版 138　下层楼梯入口

图版 139　上层楼梯口

图版 140　上层内景之一

图版 141　上层内景之二

图版 142　上层藻井、平闇

图版 143　上层内槽西北面结构及平闇

图版 144　上层内槽铺作

图版 145　上层内槽柱头铺作　　图版 146　上层内槽转角铺作

图版 147　上层内外槽梁架

图版 148　上层外槽铺作

图版 149　上层外槽补间铺作

图版 150　上层钩阑及楼梯

图版 151　上层钩阑局部

图版 152　上下贯通的内槽空间

图版 153　平坐暗层梁架

图版 154　平坐暗层之梁架、铺作

图版 155　平坐暗层铺作细部

图版 156　平坐暗层之柱额层

图版 157 平坐暗层梁架转角

图版 158 平坐暗层之披檐部分

图版 159　上檐内部之梁架结构之一　草栿、叉手及侏儒柱

图版 160　上檐内部之梁架结构之二　屋顶至藻井顶部空间

图版 161　上檐内部之梁架结构之三

图版 162　自观音阁上层外廊远眺蓟县辽代白塔

III-6 观音阁彩塑、壁画

图版 163　观音主像正面仰视

图版 164　主像东侧仰视全貌

图版 165　主像头部（自上层东侧平视）

图版 166　主像头部（自上层钩阑仰视）

图版 167　主像头部（自上层正面平视）

图版 168　西胁侍菩萨

图版 169　东胁侍菩萨

图版170 下层壁画 罗汉第1尊

图版171　下层壁画　罗汉第2尊

图版 172　下层壁画　罗汉第 3 尊

图版 173　下层壁画　罗汉第 4 尊

图版 174　下层壁画　罗汉第 5 尊

图版 175　下层壁画　罗汉第 6 尊

图版176　下层壁画　罗汉第7尊

图版 177　下层壁画　罗汉第 8 尊

图版178　下层壁画　罗汉第9尊

图版 179　下层壁画　罗汉第 10 尊

图版 180　下层壁画　罗汉第 11 尊

图版181　下层壁画　罗汉第12尊

图版 182　下层壁画　罗汉第 13 尊

图版 183　下层壁画　罗汉第 14 尊

图版 184　下层壁画　罗汉第 15 尊

图版 185　下层壁画　罗汉第 16 尊

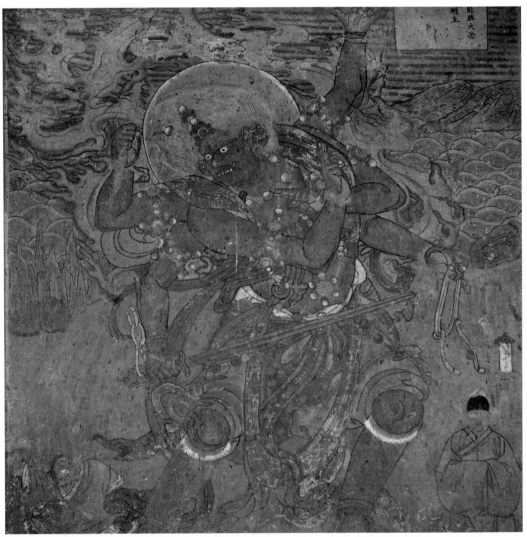

图版 186　下层壁画　西侧明王

图版 187　下层壁画　东侧明王

图版188 观音阁主像背后之海岛观音像

III-7 附属建筑

图版 189　独乐寺北区　韦驮亭及报恩院

图版 190　韦驮亭内塑像

图版 191　观音阁东侧之乾隆行宫

图版 192　自观音阁上层外廊俯瞰独乐寺西院

附 录 一

蓟县独乐寺历史大事记

秦始皇二十六年（前 221 年）

始置无终县。

《汉书·地理志》："右有北平郡，秦置。莽曰北顺，属幽州。……县十六。平刚。无终，故无终子国。浭水西至雍奴入海。"

北魏太平真君七年（446 年）

无终县入渔阳郡。

《魏书·地形志》："渔阳郡，秦始皇置，真君七年并右北平属焉。领县六，……无终，二汉、晋属右北平，后属有无终城、狼山。"

北魏太和十九年（495 年）

盘山始建佛寺。

《盘山志》载《南抃上方感化寺碑记》："渔阳古郡之西北，丛岫迤逦，其势雄气秀，曰田盘山。岗峦倚叠，富有名寺。……魏太和十九年，无终县民田氏兹焉营办。唐太[大]和、咸通间，道宗、常实二师前季后昆，继踵而至，故碑遗像文迹俱存。"

隋开皇元年（581 年）

敕诸州名山之下各置僧寺一所。

《释氏稽古略》："开皇元年三月，诏于五岳之下，各置僧寺一所。"

隋开皇六年（586年）

无终县为渔阳郡治。

《隋书·地理志》："渔阳郡，开皇六年徙玄州于此，并立总管府。大业初府废。统县一，户三千九百二十五。无终，……大业初置渔阳郡。有长城，有燕山、无终山，有沟河、庚水、灅水、滥水，有海。"

唐开元年间（713—741年）

盘山建千像寺，刻千佛像。

《盘山千像祐唐寺初创建讲堂碑》："自昔相传有尊者挈杖远至，求植足之所。僧室东北隅岩下有澄泉，恍惚之间见千僧洗钵，瞬间而泯，因兹构精舍宴坐矣。其后于溪谷涧石之面，刻千佛之像，而以显其殊胜也。虽雨渍苔斑，睟仪相而犹在。"

辽天赞元年（922年）

蓟州入契丹。

《辽史·太祖纪》："夏四月，攻蓟州，戊午拔之，擒刺史胡琼，以卢国用、涅鲁古典军民事。"

《辽史·地理志》："蓟州尚武军，……统县三：渔阳县、三河县、玉田县。"

辽天显十一年（936年）

尊观音为家神。

《辽史·地理志》："兴王寺有白衣观音像。太宗援石晋主中国，自潞州回，入幽州，幸大悲阁，指此像曰：'我梦神人令送石郎为中国帝，即此也。'因移木叶山，建庙，春秋告赛，尊为家神。"

《契丹国志》引《纪异录》曰："契丹国主德光尝昼寝，梦一神人，……后至幽州城中，见大悲菩萨像，惊告其母曰：'此即向来梦中神人，冠冕如故，但服色不同耳。'因立木叶山，名菩萨堂。"

《辽史·太宗纪》："天显十一年八月，太宗自将以援敬瑭，十一月次潞州，十二月发太原，十二年正月皇子述律迎谒于滦河。"

嘉靖《顺天府志》引《析津志》："圣恩寺，古刹也，在斜街口。寺即大悲阁。"

辽会同二年（939年）

辽太宗幸盘山。

《盘山志·行幸》："辽会同二年二月幸盘山。"

辽应历十二年（962年）

重建盘山千像寺。

《盘山千像祐唐寺初创建讲堂碑》："寺主大德，俗姓琅琊氏，释讳希悟，……应历十二年化求财赆，盖佛殿一座，……保宁四年，又建厨库、僧堂二座。……其堂也，保宁十年创建。"

辽统和二年（984年）

重建观音阁。

《日下旧闻》引《盘山志》："独乐寺，不知创自何代，至辽时重修，有翰林院学士承旨刘成碑，统和四年孟夏立石，其文略曰：'故尚父秦王请谭真大师入独乐寺，修观音阁，以统和二年冬十月再建，上下两级，东西五间，南北八架，大阁一所，重塑十一面观世音菩萨像。'"

乾隆二十一年《重修独乐寺碑记》："独乐寺者，在州城西隅。建始之年莫知所自。盘山感化寺窣堵波记以渔阳有独乐道院，辽沙门圆新居之。□寺中遗迹所称，统和二年尚父秦王请谭真大师入寺修观音阁者，今皆仅存。"

辽统和七年（989年）

辽圣宗猎于蓟州南甸。

《辽史·游幸表》："统和七年猎于蓟州之南甸。"

辽统和八年（990 年）

辽圣宗幸盘山。

《盘山志·行幸》："统和八年三月幸盘山诸寺。"

《辽史·游幸表》："车盘山诸寺。"

辽清宁三年（1057 年）

地震。

《辽史·道宗纪》：清宁三年"七月甲申，南京地震，赦其境内"。

《宋史·五行志》："嘉祐二年，雄州北界幽州地大震，大坏城郭，覆压者数万人。"

辽清宁四年（1058 年）

修葺白塔。

白塔出土舍利函铭："中京留守兼侍中韩知白葬……清宁四年岁次戊戌四月二日记。"[①]

金天辅六年（1122 年）

蓟州入金。

《金史·太祖纪》：天辅六年十二月，"上伐燕京。……辛卯，命左企弓等抚定燕京诸州县"。

《金史·地理志》："蓟州……县五：渔阳、遵化、丰润、玉田、平谷。"

[①] 白塔在独乐寺南 380 米、偏东 9 米，从平面布局看，应是独乐寺建筑整体之一部分。——韩嘉谷《独乐寺史迹考略》

又，梁思成《蓟县观音寺白塔记》："……故其建造，必因寺而定，可谓独乐寺平面配置中之一部分。"——整理者注

金泰和四年（1204 年）

金章宗如蓟州秋山。

《金史·章宗纪》："丙寅，如蓟州秋山。"

元太祖八年（1213 年）

元取蓟州。

《元史·太祖纪》：八年，"是秋兵分三道，……遵海而东，取蓟州、平、滦、辽西诸郡而还"。

《元史·地理志》："蓟州，……元太祖十年定其地，仍为蓟州，领县五：渔阳、丰润、玉田、遵化、平谷。"

元大德至至大间（1297—1311 年）

绘观音阁壁画。①

元至正五年（1345 年）

地震。

《元史·五行志》："至正……五年春，蓟州地震，所领四县及东平汶上县亦如之。……至正十六年春，蓟州地震，凡十日。"

明洪武元年（1368 年）

蓟州入明。

《明史·太祖纪》：洪武元年八月，"徐达入元都，封府库图籍，守宫门，禁士卒侵暴，遣将巡古北口诸隘"。

---

① 独乐寺观音阁壁画，从剥落处可以看到还有内层，外层根据内层重描。内层壁画风格接近永乐宫三清殿、广胜寺水神庙，有"重修蓟州僧正僧官如演"题记。至至大四年罢各处僧正，明代改僧正为僧正司，故壁画制作应在元至大四年略前。——韩嘉谷《独乐寺史迹考略》

《明史·地理志》："蓟州，洪武初以州治渔阳县省入。"

明成化十二年至正德三年间（1476—1508 年）

修葺，重绘观音阁壁画。①

明成化十七年（1481 年）

地震。

《明史·五行志》："五月戊戌，直隶蓟州遵化县地震。……六月初一日甲辰，蓟州及遵化县、永平府、辽东宁远卫地震有声。"

明万历末（1607 年略后）

修葺，局部涂改壁画。②

康熙《蓟州志》载王于陛《独乐寺大悲阁记》："创寺之年邈不可考，其载修则统和己酉也。迄今久圮，二三信士谋，所以为缮葺计，前饷部柯公实倡其事，感而兴起者殆不乏焉。柯公以迁秩行，予继其后。既经时，涂塈之业斯竟，因瞻礼大士，下睹金碧辉映。"

康熙《朝邑县后志》："王于陛，万历丁未进士，以二甲授户部主事，榷税崇文门，严御群珰，宽商旅，卒溢额数千金，分毫不以入己。超升郎中，督烟蓟州。"

修葺时间在万历末。

明天启四年（1624 年）

地震。

---

① 此次修葺不见文字记载。根据观音阁壁画重描后出现的圆翅乌纱、鱼鳞状水纹等特点，应属明。——韩嘉谷《独乐寺史迹考略》
② 明成化、正德年间重画后的观音阁壁画，从画面上看又有被局部涂改的痕迹，范围限于重修信士。——韩嘉谷《独乐寺史迹考略》

《明熹宗实录》："蓟州、永平、山海地震，坏城郭庐舍无算。"

清顺治元年（1644年）

蓟州入清。

《清史稿·世祖纪》：顺治元年五月，"大军抵燕京，……燕京迤北各城及天津、真定诸郡县皆降"。

《清史稿·地理志》："顺天府……领州五，县十九：……蓟州……"

清康熙初（1664—1667年）

修葺。

《康熙蓟州志》载王弘祚《修独乐寺记》："寺之兴不知创于何代，而统和重葺之，距今六七百岁矣。""乃寺僧春山游来，讯予曰：是召棠冠社之所凭也，忍以草莱委诸？予唯唯，为之捐资而倡首焉。一时贤士大夫欣然乐输，而州牧胡君毅然劝助，共襄盛举。未几，其徒妙乘以成功告，且曰：宝阁、配殿及天王殿山门皆焕然聿新矣。"

《康熙蓟州志·知州》："胡国佐，奉天人，荫生，康熙三年任。"

清康熙十八年（1679年）

地震。

《康熙蓟州志》："十八年己未七月二十八日巳时，地大震有声，遍于空中，地内声响如奔车，如急雷，天昏地暗，房屋倒塌无数，压死人畜甚多。地裂深沟，缝涌黑水甚臭，日夜之间频震，人不敢家居。"

王士禛《居易录》："蓟州独乐寺观音阁凡三层，其额乃李太白书。梁栱樽栌皆架木为之，不施斧凿。己未地震，官廨民舍无一存，独阁不圮。"

清乾隆十八年（1753年）

修葺、覆盖观音阁壁画。

乾隆二十一年《重修独乐寺碑记》："皇上祗奉陵园，驻跸于斯寺，慨然深念末法之微，宜有加饰。以制府桐城方公实同弓剑之思，负龙象之教，爰命布金施工，责于群吏。始癸酉五月，落成于八月，自寺堂宇，及于旁舍，板□之役，领览之□，呈巧会能，□劳□鼓，至于楼阁象设，□之所兴，以次而举。"

《道光蓟州志》："独乐寺在西门内，阁上匾额'观音之阁'，唐李太白书。寺内东偏于乾隆十八年建立坐落，并于寺前改立栅栏、照壁，巍然改观。"

清光绪二十六年（1900 年）

八国联军破坏独乐寺。

徐会沣一九〇一年四月一日奏片："光绪二十六年十一月初四日，德国洋兵二千余名先后入城抢掠，蹂躏独乐寺，行宫、正殿、宝座及佛像、各处门窗户壁，均被洋兵烧砸，伤损不堪。佛前幔帐陈设，并卧佛所铺被褥，亦被洋兵劫去。"

清光绪二十七年（1901 年）

修葺。

梁思成《蓟县独乐寺观音阁山门考》："光绪二十七年（1901），'两宫回銮'之后，有谒陵盛典，道出蓟州，独乐寺因为坐落之所在，于是复加修葺粉饰。此为最后一次之重修，然多限于油漆彩绘等外表之点缀，骨干构架仍未更改。"

民国三年（1914 年）

蓟州改蓟县。

《蓟县志》："民国三年改顺天府为京兆，划大宛二十县为特别区，蓟遂属京兆，州府治废，蓟自是名县。"

民国六年（1917 年）

拨独乐寺西院为师范学校。

梁思成《蓟县独乐寺观音阁山门考》："陕军来蓟，驻于独乐寺，是为寺内驻军之始。""十七年春驻孙□□部军队，十八年春始去，此一年中破坏最甚。"

民国二十年（1931 年）

全寺拨为蓟县乡村师范学校。

梁思成《蓟县独乐寺观音阁山门考》："全寺拨为蓟县乡村师范学校，阁、山门并东西院座落归焉。东西院及后部正殿皆改为校舍，而观音阁、山门则保存未动。"

民国二十一年（1932 年）

梁思成调查并撰写《蓟县独乐寺观音阁山门考》，刊于《中国营造学社汇刊》第三卷第二期。

民国二十八年（1939 年）

蓟县沦陷，独乐寺被日本侵略军占据。

民国三十七年（1948 年）

中国人民解放军进驻蓟县城。

1954 年

独乐寺由蓟县文化馆等管理使用。

县粮食局搬出，文化馆由关帝庙搬入独乐寺，独乐寺由文化馆管理使用。文保工作成为文化馆工作的一部分，馆长孙庆林。

1959 年

9 月，苏联地质学家沃罗柯金前来考察蓟县北部山区地质，并参观独乐寺。沃罗柯金为国际地科联写了《蓟县地质考察报告》，为蓟县的中上元古界标准地层提供了材料。

1961 年

国务院公布《第一批全国重点文物保护单位名单》，独乐寺被列为全国重点文物保护单位。

1962 年

观音阁安装网式避雷针。

1966 年

"文化大革命"初期，红卫兵"破四旧"，欲砸毁独乐寺佛像等文物，馆内工作人员宣读《国务院文物保护暂行条例》，予以制止。

1972 年

蓟县文物保管所成立，独乐寺由该所保护管理。

2 月，观音阁下层局部墙皮脱落，发现壁画，国家文物局王冶秋局长与祁英涛、史树青研究员、杨伯达、宿白等前来考察，指导壁画剥离工作。

《文物》1972 年第 6 期发表署名"文展"之《记新剥出的蓟县观音阁壁画》一文。

1973 年

添配观音阁门窗槅扇、遮椽板，支顶加固顶层乳栿梁架。

1974 年

山门、观音阁局部揭瓦补漏，更换部分平坐斗栱，翻修回廊地面。

1 月，蓟县革委会划定独乐寺保护范围和安全保护区。

1976 年

唐山大地震，独乐寺院墙倒塌，观音阁墙皮部分脱落，梁架未见歪闪，十一面观音像胸部铁箍震断。

春，天津文化局批准垒砌独乐寺院墙。7月28日，唐山发生强烈地震，独乐寺院内明清建筑倒塌三分之一，观音阁来回摇晃一米多远，上层墙壁部分墙皮脱落，梁架未见歪闪。十一面观音佛像的胸部铁箍震断一根。

《文物》1976年第10期发表罗哲文《谈独乐寺观音阁建筑的抗震性能问题》一文。

天津市文管处发表《独乐寺地震大事记》一文。

1978 年

修整台基、地面、甬道，山门添配槅扇窗。

6月，美国哈佛大学教授费正清、费慰梅夫妇和加拿大驻华大使一行为出版梁思成先生著作事宜，专程前来参观独乐寺。

天津市文化局请山东文管会修匾师傅修整、油饰"独乐寺""观音之阁""具足圆成""普门香界"等匾额；邀请天津市彩塑工作室张明等修整十一面观音、胁侍菩萨、金刚力士、倒坐观音等塑像的震损部分；邀请天津美术学院绘画系杨德树等同志临摹观音阁壁画。

1979 年

修整、油饰"独乐寺""观音之阁"等匾额。

天津市彩塑工作室修整十一面观音、胁侍菩萨、金刚力士、倒坐观音等塑像。天津美术学院绘画系临摹观音阁壁画。

1980 年

5月10日，独乐寺正式向中外游客开放。

1981 年

8月18日，国务院副总理陈慕华等人视察蓟县旅游开发事业，参观独乐寺，提出城内白塔应该修复。

1984 年

独乐寺重建一千周年，文保所制作了五百枚"独乐寺重建一千年"纪念币。

10 月 24 日，古建筑学专家、学者以及国家有关部门的代表数百人云集蓟县古城，共庆独乐寺千年大寿并举行学术研讨会。天津市领导为"独乐寺重建一千年纪念碑"揭幕。各地专家、学者发表了 28 篇论文，结集出版《独乐寺重建一千周年纪念论文》，其篇目如下：

陈明达《独乐寺观音阁、山门建筑构图分析》

祁英涛《蓟县独乐寺观音阁》

马大东《蓟县独乐寺观音阁壁画中的罗汉像及有关问题》

纪烈敏《独乐寺壁画》

杨德树《文采风流今尚好——关于蓟县独乐寺壁画的临摹》

韩嘉谷《独乐寺史迹考略》

韩嘉谷《刘成碑考略》

韩嘉谷辑《独乐寺史大事记》

孟繁兴《独乐寺山门、观音阁刍议》

冯建逵、覃力《蓟县西街保护规划设想》

宿白《独乐寺山门、观音阁与蓟县玉田韩家》

曹汛《独乐寺认宗寻亲——兼论辽代伽蓝布置之典型格局》

张书义《独乐寺门外刍议》

张驭寰《对辽代砖塔初步研究》

杜仙洲《辽代佛教文化小议》

朱希元《漫谈蓟县独乐寺塑像》

于倬云《从独乐寺观音阁剖析辽代殿阁型构架》

魏克晶《独乐寺塑像之管见》

王家琦《略谈辽蓟州盘山（寺院）与独乐寺》

解云翔《观音阁抗震鉴定》

佟恩华、孙景华《独乐寺观音阁抗震性能浅析》

崔兆忠《白塔工程总结报告》

白旭晨《独乐寺的研究与保护》

魏克晶《历史悠久的蓟县山城》

罗哲文《独乐寺观音阁建筑的抗震性能问题》

史树青《独乐寺李白署书"观音之阁"考》

杜拱辰、李德虎《对中国古建筑木架结构性能的探讨》

陈滋德《论文物保护的原则和方法》

1985 年

蓟县文化馆泥塑组重塑八角亭内韦驮像竣工。

9 月，陈明达《独乐寺观音阁、山门建筑构图分析》英译稿刊载于英文季刊《中国建筑文选》，引起国外学界关注。

1986 年

太原工业大学对观音阁及十一面观音像进行动力特性的现场实测。

1987—1989 年

太原工业大学、山西省测绘局航空摄影测量大队对独乐寺作全面的科学监测。

太原工业大学对山门和观音阁各层柱头、柱脚 64 个变形监测点，观音阁内外柱的相对位置和观音像倾斜进行观测，先后完成《独乐寺观音阁动力特性实测报告》《蓟县独乐寺观音阁 16 米塑像抗震性能的探讨》和《蓟县独乐寺变形观测分析》三个报告。

山西省测绘局航空摄影测量大队于 1987 年至 1988 年对独乐寺进行近景摄影测绘，

完成山门、观音阁四个立面，十一面观音像轮廓线图和等值线图，共计 10 张。

1990 年

3 月，国家文物局正式批准全国重点文物保护单位独乐寺立项维修。

6 月 8 日，独乐寺维修工作领导小组成立，召开第一次会议。

6 月至 8 月，天津市房屋鉴定勘测设计院三次进驻独乐寺现场，作外业测量和查勘。

7 月 9 日至 8 月 5 日，由天津大学建筑系杨道明教授领队，天津大学建筑系、天津市房屋鉴定勘测设计院分别勘察、测绘了独乐寺山门、观音阁现状。

1991 年

11 月 15 日，独乐寺维修办邀请水电部天津勘察设计院物探队勘察十一面观音像的坚固情况。

1992 年

5 月 18 日，遵照国家文物局古建专家组意见，天津市文化局向国家文物局上报《关于独乐寺修缮工程第二方案的请示》。

1993 年

国家文物局将独乐寺列为申报世界文化遗产预备清单项目。

1994—1998 年

全面进行独乐寺观音阁、山门维修工程。

1996 年 6 月，联合国教科文组织一行考察独乐寺。

1998 年 6 月 21 日至 28 日，国际古迹遗址理事会木质遗产科学委员会在华召开第十一届年会；6 月 23 日，与会代表参观独乐寺。

1998 年 10 月 5 日，国家文物局及古建专家对独乐寺维修进行工程初步验收。

1998 年 10 月 28 日，历时八年的独乐寺维修工程结束。

2000 年

5 月，在独乐寺院内安装现代化的安全防范监控设施，设置了摄像机 9 台、红外线探测器 7 台、门磁 5 个、声控器 10 个，对独乐寺采取现代化的监控手段。

2001 年

3 月 20 日，迁建清代民居于独乐寺西院南部。

2003 年

恢复乾隆行宫回廊。维修独乐寺附属建筑 13 间，新建西院回廊 3 间。四合院更名"报恩院"，重塑佛像 8 尊，其中三世佛殿 5 尊，东西配殿 3 尊。

（蔡习军、殷力欣辑录）

附 录 二

独乐寺观音阁、山门建筑构图分析 [①]

独乐寺创建于辽统和二年，即公元 984 年。用木结构建造的殿堂楼阁，历时千余年，屡遭自然灾害（近如 1976 年唐山大地震），而仍完好如初，充分显示出我国古代建筑学的卓越成就。

独乐寺的两建筑，按全国现存古代建筑年代排列，位居第七；但若论技术之精湛、艺术之品第，则应推为第一。它是现存古建筑中的上上品，是最佳典范。它涵蕴着许多古代建筑学的宝贵知识，有待我们去发掘阐明。[插图一至三]

独乐寺被发现于 1932 年。那一年也正是我们开始研究清代以前古建筑的一年。独乐寺是开始调查测绘的第一处古代建筑，也是当时所知道的时代最早的建筑。它标志着我们研究古代建筑已经半个世纪了。在这半个世纪中，独乐寺为研究古代建筑提供了很多启发和线索。起初我们测量、绘制图样、制造模型，对照着这两座建筑的一切，去了解唐、宋时期的建筑，去研究《营造法式》，以独乐寺所包含的技术、艺术，充当我们的向导。它曾打开我们的眼界，使我们从无知逐步走向有所知。直到现在，它仍然常常向我们提供新的启示或线索。现在谨将最近研究独乐寺建筑构图的一点收获作汇报，以说明对独乐寺的研究尚未完结，还需继续努力，还大有可为。

我们已经知道古代建筑，至迟在唐代初期就已经标准化、定型化。宋代的《营造

[①] 此篇首刊于 1984 年印行之天津市蓟县文管所编《独乐寺重建一千周年纪念论文》，又于次年由孙增蕃先生英译，刊载于英文季刊《中国建筑文选》（*Building in China Selected Papers*. 中国建筑工业出版社，1985 年第 3 期）；后又作若干修改，于 1986 年载于《文物与考古论集——文物出版社成立三十周年纪念》。本书所收录的文本，中文稿为 1986 年刊行之修订本，而英译稿所对应的则是 1984 年文本。

又，此文中原配插图 13 张，与英译稿相同，可看本书附录三之插图，本篇从略。

法式》用图样和文字，详细记录了各种结构形式、各种构件的规范。长期以来我们曾认为那些标准规范只是属于结构构造或构件形式的，近数年来才明白那些规范实在也包括了对建筑的艺术要求。试看卷五"檐"："其角柱之内檐身亦令微杀向里。"为什么要"微杀向里"呢？它自注曰："不尔恐檐圆而不直。"这不是极明确的艺术要求吗？可惜，像这样的说明，仅偶然一见，一般是只规定要如何做，而不说明为什么要那样做。例如卷五"阳马""如八椽五间至十椽七间，并两头增出脊槫各三尺"，只规定要增长脊槫，而不说明为什么要增长。经过对间、椽的各项规范并结合实例的综合分析，才了解这是因为八椽五间、十椽七间的平面长宽比近于 3：2，如用四阿屋盖则正脊过短，立面构图不佳，所以要增长脊槫，原来这是出于平面长宽比与立面构图形式的艺术要求。

由这些片断知识，可以肯定古代建筑在艺术方面，如同在结构方面一样有严密的要求。目前想要取得这方面的知识，是必须从实例分析着手的。以前我曾分析过应县木塔的设计构图，虽取得些点滴的认识，是很不够的。现在我采取另一种方法——以材份为基础，分析独乐寺的建筑，看看能否取得新的进展。

1. 平面 ［插图四至七］

观音阁八椽五间重楼，山门四椽三间，都是根据使用需要决定的，本文不作讨论。先分析它的平面比例。观音阁正面总广 78 材，侧面总进深 55 材，长宽比近于 $\sqrt{2}$：1。山门正面总广 67 材，侧面总深 36 材，长宽比为 1.86：1。按已经知道的古代建筑，一般是平面 3：2 左右，宜用厦两头屋盖，观音阁正是如此。平面 2：1 左右宜用四阿屋盖，山门平面比在 3：2 与 2：1 之间，可以用厦两头屋盖，也可以在加长脊槫的条件下用四阿屋盖。山门正是采用后一措施建成四阿屋盖。要点是四阿屋盖的正脊长度，约为屋盖总长的 1/3 时，是最适当的构图。所以，两建筑的平面与屋盖形式，是当时的一般规制。现在我们要问它们的间、椽具体材份是如何制定的，即怎样使间、椽的总材数能合乎一定的比例呢？

先分析山门。山门侧面两间，每间广各 18 材。按当时规范，椽平长最大不得超过 10 材，侧面应为每两椽等于一间，都是受结构制约的。所以山门侧面共是四椽，但每间的两椽并不相等，上一椽平长是 10 材，下一椽仅 8 材。在现存早期古建筑中，屋面从下至上，各椽平长逐架加大，也是普遍现象，或是当时的惯例，此姑且不论。而上一椽平长 10 材，已是当时结构所允许的最大限度，因此侧面间广 18 材，也应视为当时结构所允许的上限。

再看正面，它的原意图即是要建成一座四阿殿。按规范，正面总广最好为侧面总深的两倍 72 材，但是在结构构造上显然难于达到此数，只得尽可能取得正面最大间广：心间间广采用当时所允许的最大间广 25 材。梢间间广要适应四阿屋盖 45° 转角上安放角梁的构造，应与侧面间广 18 材相等，又由于心间脊槫每头可以增加 3 材，将此 3 材加在梢间之内，可使梢间间广达 21 材，于是三间共合 67 材，较最佳比例 2：1 少 5 材，但相差不算太大。又由于增长了脊槫，也就调整了外观立面脊槫短的缺点，取得较好的外形。

如上所论，可见山门正侧两面间广是在结构允许的条件下所取得的最佳比例。同时还附带知道《营造法式》椽平长不得超过 10 材，间广最大 25 材，是来自早期的成规。而宋代以前脊槫每头增长只允许 3 材，至《营造法式》才修订为可以增长 5 材，故山门只增加 3 材而不能增加 5 材。

再看观音阁。它具体使用的尺度，都小于当时结构规定的上限甚多，所以设计时所受的局限很小，有较大的活动余地。

下屋侧面总广 55 材，分为八椽。前后外槽各两椽，共长 13 材，平均每椽长 6.5 材。内槽四椽，每椽亦仅略大于 7 材，共长 29 材，从现状看已足敷使用需要。而正面总广 78 材，正好是梢间间广 13 材的 6 倍，我以为这不是偶然的现象。推想当时设计者可能是这样考虑：如正面总广六个 13 材，侧面总深四个 13 材，就取得 3：2 的平面比例；如果需用 $\sqrt{2}$：1 的比例，只需增加侧面总深，或减少正面总广，极便于掌握。实际是使用了前一措施，将侧面当中两间各加长 1.5 材，使总深为 55 材。

正面五间，间广是如何拟定的呢？阁的标准间广为 17 材，故可能原定当中三间各为标准间广 17 材，两梢间间广应与侧面相等，各 13 材，共得 77 材。如此较预拟总广 13 材 ×6 少 1 材，故将心间增 1 材。这就成为心间广 18 材、两次间广各 17 材、两梢间广各 13 材的布局。那么，当时为什么不采取另一措施，将正面当中三间减少至各广 16 材，总广 74 材呢？推测可能有两个原因：其一是力争在可能条件下做到尺度大一点，而不愿再减小；其二是出于对立面构图的考虑（详见下文）。

如上所论，不但明确了观音阁平面各间间广是如何确定的，同时还对古代建筑何以往往是心间最大、次间至梢间依次减小，提出了一种解答，即间广不匀，是为了调整平面、立面长宽比例所致。

2. 柱高、层高 ［插图八］

平面设计的要点是间广，立面、断面设计的要点则是柱高或层高。古代单层建筑的外观立面都具有阶基、屋身、屋盖三部分，观音阁外观是两层楼阁，下层屋盖之上的平坐铺作，实际即是上层的阶基，所以它是由两个完备的单层建筑重叠而成的形式。梁思成先生在发现独乐寺时，即观察到这个现象，并指示我们要注意研究。现在我们对这一现象确已取得一些新的认识，但还是未能完全理解，还有不少未能解答的问题。

在分析现存唐、辽实例后，得知单层建筑的设计系以四椽屋为标准，阶基以上分为屋身、屋盖两部分，屋身高即下檐柱高，屋盖高包括柱上铺作及屋架举高（如为四椽以上屋，则举高只计至中平槫背），共等于下檐柱高。现我们暂称这种设计所用的标准高为层高，单层建筑总高等于两个层高，有副阶的单层建筑的总高为三个层高；四椽以上屋的总高，则于前项之外另加中平槫以上举高；多层建筑的上屋总高也是两个层高，所不同的是上屋屋身高系包括柱下铺作在内，故上屋檐柱净高小于下檐柱高。

实测独乐寺山门下檐柱高 18 材，柱头以上至脊槫背亦高 18 材，正为两个层高，完全符合上述规制。

实测观音阁各层层高，除下屋外檐外（详见下文），均高 17 材。下屋外檐及屋内自地面至平坐柱头均高 34 材，上屋外檐自平坐柱头至中平槫背高 34 材，上层屋内自平坐柱头至藻井顶亦高 34 材。亦即每两个层高等于一个四椽单层建筑的总高，而全阁自地面至中平槫背共为四个层高，也正是两个单层建筑重叠的总高。这些均同于上述规制。但也有几个现象是前所不知或未曾注意到的：一是屋盖举高以四椽屋脊槫背为标准，对于厦两头屋盖，也正是"两梢间用角梁转过两椽"的位置（即曲脊槫背）；其次上屋屋内柱头以上至藻井顶，也恰为一个层高，可能是当时用平闇藻井的屋内空间设计标准；第三，下屋外檐平柱高 16 材，不够一个层高，而其上铺作、举高共 18 材，又超过层高，但两数相加仍为两个层高。这就是说当时屋身、屋盖高的标准各为一个层高，而在必要时可以互相略作调剂，但总高仍应保持为两个层高。

　　观音阁的结构也是由柱额、铺作等整体构造层反复叠垒，最上冠以屋盖结构层。它的外观形式，正是结构的反映。在外观上表现出的层，既然都是等高的，就必然产生严整的、有节奏的艺术效果，并成为建筑构图的重要因素。因此，可以推测在设计时，很可能就是先画出层高的等高线，作为高程的标志和构图的依据。

　　层高在设计时是如何拟定的？这是一个极为重要而尚未能完全解答的问题。在实例分析中找出层高的标准数据，却并不困难。因为它是一个稳定的数字，每一座建筑只有一个层高数，尤其多层建筑，上屋下屋的层高也都是相等的，更容易找到它。而这个数又与某一个间广相等，即《营造法式》所说："下檐柱虽长，不越间之广。"所以标准间广，也是 17 材。我们现在对层高的认识仅此而已。看来"不越间之广"只是现象，为什么不越间之广，是先确定间广再据以定层高，或者先确定层高再斟酌间广等等，都是亟待探索的问题。但是使层高与间广相等，亦即使建筑的长、宽和高已具有固定的比例因素，为立面构图奠定了基础。

3. 立面构图 [插图九、一〇]

　　前述观音阁四个层高共 68 材，系至中槫高度。实际至脊槫总高约 78 材，此数略与下屋总广相等。我认为这也不是偶然的巧合，必定是经过反复推敲的结果。首先，在初步设计时，可以推算出各项概数，如在平面设计时，已经确定了间广、椽长，而立面柱高、层高均等于标准间广，只需按层高数加举高，即可得出总高概数。举高在当时大致也是以"四分举一为祖"，于是阁总深 55 材，四分举一约 14 材，铺作每出一跳亦四分举一，四跳共得 4 材。举高总数 18 材，又加铺作高 8.5 材，再减去一个层

229

高 17 材，尚余 9.5 材。即总高约为四个层高加 9.5 材，共 77.5 材，较总广略小，这是可以在进一步设计时设法调整的。

现在再看现状。观音阁当中三间共 52 材，自地面至上屋柱头三个层高 51 材，可以认为是一个正方形图案。于此，可以看出"柱高不越间之广"在构图上所起的作用。其次总广、总高都是 78 材，虽然构成第二个正方形，但它并不是正立面的总轮廓，总轮廓还应包括铺作出跳及檐出、飞子在内，需在第二个正方形两侧各增 13 材。在平面分析中曾经指出正面总广是 13 材 ×6，梢间广恰为 13 材。总高既同总广，也是 13 材 ×6。可见如仍按 13 材的倍数计，正立面的构图就是：总轮廓是一个 8×6 的横长方形，其内套一个 6×5 的横长方形，最内是一个 4×4 的正方形。同样可以看出侧立面的构图，只是将正立面图案的横向长度各缩短两个 13 材，即总轮廓是 6×6 的正方形，里面套一个 4×5 的竖长方形，最内是一个 2×4 的竖长方形。

如上所述，可以认为全部构图是以 13 材为模数构成的。这个模数与标准间广、层高的关系是 13×4 ≈ 17×3。而且它是在开始平面设计时就确定了的，所以在平面设计时不能将当中三间定为每间各广 16 材，那样就不能取得以 13 材为构图模数的图案，全部尺度——总广、间广、总高、层高以至观音立像高，全需另作考虑，将成为另一个观音阁了。

那么现状是不是全部构图的关键部位，都恰好是 13 材或其整倍数呢？不是的，并非那么刻板的要求。它只要求相差不多，并且符合 13×4 ≈ 17×3 的关系，如当中那个正方形就是广 52 材（13×4）、高 51 材（17×3），虽然实际只是 100 : 98，对于艺术图案是可以允许的。其次，还要照顾全面，不能只顾一面使另一面相差过大。例如正面总轮廓宽 13 材 ×8，系在殿身两侧又各加出 13 材，实际下屋两侧出跳及檐出、飞子等仅 12.5 材，尚有半材之差，而且檐出嫌短，为什么不将檐出增加半材呢？我们在侧面总轮廓中看到了答案：侧面总轮廓 13 材 × 6 = 78 材，实际总进深 55 材，两侧出跳等各 12.5 材，共为 80 材，即每面已超出总轮廓 1 材。如正面檐出再增长，侧面也必须随之增长，将超出更多，故正面檐出不能再增长。可见檐出是兼顾正侧两面作出的决定，同时这差数对于总轮廓 78 材或 104 材，也是微不足道的。

再看山门的构图。正立面高 36 材；殿身广 67 材，加两侧出跳、檐出等各 11 材，共 89 材；侧立面殿身深 36 材，加两侧出跳等共 58 材。这些数字是否也如同观音阁那样，含有一个构图的模数呢？据上述数字分析：殿身高为 18 材 ×2，正面总广为 18 材 ×5 欠 1 材，侧面总广为 18 材 ×3 再加 4 材。即大致是 18 材的倍数。但 18 材与出跳檐出等总数 11 材，相差过大，不便于构图分析，故试以 18/2 即 9 材为构图模数。如此得出正面总轮廓是 10：4 的横长方形，侧面总轮廓是 6：4 的横长方形。显然，正与观音阁构图相同。总轮廓与实测数字均略有出入，但大体上仍是能成立的。

山门正立面构图有个特点，它的重心不够鲜明。它的心间本应成为构图中心，却不突出，如将两次间作重心，又犯分散之弊。然而这却是内容的必然反映：当心是全寺出入孔道，理应为重点；但两次间的金刚塑像、四天王画像，也应是全寺的重要内容。故其内容的宾主关系，也很不易划分，可以说这构图是内容的反映。

长期以来我们对观音阁的外观轮廓，并未曾感觉到有何不适当之处。但分析它的局部规制时，每对其举高较大、出檐较小，不符合一般唐、辽建筑规制，怀疑它曾经后代修理时有所改动。现竟在分析构图时，无意中得到解答。它仍是原构制度，并未经后代改易。其理由如下：

先看山门前后橑檐方心长 43 材，举高 11 材，合四分举一；檐出飞子共长 7.5 材，两项均与《营造法式》所记制度相同，可证当时的制度多被《营造法式》所保存。再看观音阁前后橑檐方心长 66.6 材，举高 18 材，超过四分举一；下屋檐出飞子共 6 材，上屋共 5.5 材，据《营造法式》，上、下屋均应为 8.5 材，相差甚巨。[①] 阁与山门同时建造，何以制度不同？今据山门，当时举高确为四分举一，则阁举高本应为 16.5 材，但为了满足总轮廓构图的意图增至 18 材，即约为"四分举一，又每尺加八分"，故较

[①] 此句在下篇英译稿中对应的英文为 "The eave projection of the lower storey is 6C, and that of the upper storey 5.5C. However, according to YZFS, the proportions of both lower and upper storeys should be 9 or 8.5C."，有 "8.5 材" 与 "9 or 8.5C" 的差异。按，1984 年中文稿 "上、下屋均应为 9 或 8.5 材"，后修订为 1986 年文本之 "上、下屋均应为 8.5 材"，英译稿未及作相应修改。

山门屋面陡峻。但如前叙，它仍差 0.5 材，并未完全满足总轮廓的要求，又可知所增举高，已达当时的上限。至于檐出飞子减短，更显著地看出是适应总轮廓的要求，而能够大幅度减短，则是依赖有铺作出跳多的条件。从图案上看，减短檐飞后包括出跳在内的挑出深度仍达 12.5 材，已略等于梢间广，是可以满意的。

4. 屋内空间构图 ［插图一一至一三］

山门彻上露明造，不用平闇，室内毫无遮掩地看到全部结构构造。这种形式完全以构造的简明和有条不紊，取得美好的效果。换言之是纯以构造的严密逻辑性取代构图的。这样的佳作，在现有古建筑中仅有二三例，山门为其中之一。

山门梢间前半深 18 材，偏近心间位置塑金刚像一躯。心间平柱高 18 材，柱上自斗口内出华栱两跳上承乳栿，栿底距地面约 22 材。柱、铺作、乳栿形成了一个圭形画框。金刚像连基座高约 20 材，自心间瞻望，金刚像恰在画框中，像身略偏里侧，面部向外侧下视，取得画面的平衡。这种利用建筑自身轮廓为画框的方式及塑像高矮、位置都处理得非常恰当，是经过一番推敲的。美中不足的是转角铺作及补间铺作里跳，对塑像背景颇有干扰。

用殿堂结构形式的唐、辽建筑，屋内大多用平闇，观音阁正是这一形式的典型。按殿堂结构金箱斗底槽形式，屋内形成一周外槽和中部的内槽两个空间，观音阁又自有其独特之处：它的下屋外槽顶部虽亦设平闇，但内槽是一个联通上屋的筒状空间，使内外槽联合成为一个凸形大空间，以安设巨大的观音立像。在下屋外槽仰视，可看到立像全部及其背景——有节奏的铺作、平闇、藻井等。其景象之典雅瑰丽，堪称古建筑中的一绝。

上屋外槽则成为环绕筒状空间上部四周的走廊，高宽比为 3：2。内槽是筒状空间的上部，只有平闇藻井占三间四椽全部内槽的面积，并高于外槽平闇约 3 材，而与外槽形成高大广阔与窄狭低矮的强烈对比。外槽平闇两侧均用峻脚，使走廊断面成圭形。内槽则于四周安峻脚，成盝顶形式，又在心间安装向上凸出于平闇的藻井。

室内平闇下的铺作予人以精致、严整、有节奏的感受。平闇藻井都是用小方木椽拼斗成的方格网或其他几何形格网，表现出精致的工艺。外槽各间平闇连续不断，予人以深远无尽的感受。柱头内的乳栿又给这连绵的方格网定出顿挫的节奏，增强了韵律感。藻井既是室内空间的高潮，又突出了阁的主人——十一面观音立像。总之，室内空间的艺术处理，完全是以大木作的构造、小木作的工艺巧妙配合成的纯朴、高雅、富有韵律感的形象。它没有任何为装饰特意增加的构件，也无须另加彩画，就已经是完美的艺术创作。在现存古代建筑中，仅有观音阁和唐代晚期的佛光寺东大殿，达到了这种高雅的艺术水平。

现在，再回到前面，看看分析所得的各立面构图，就可发现两建筑的立面构图，既是建筑内容在外观上的反映，同时也即是室内空间的构图。山门构图简明，其内容已详见立面构图分析。现在只论观音阁，其立面构图中心的正方形图案，正是室内广阔的内槽，全阁的中心；套在正方形外的横长方形，又正是室内两侧的外槽及顶上的铺作、平闇、藻井。这种外观立面与室内空间构图的一致性，我以为要归功于构图是以结构为基础，而结构又是标准化的。

最后，室内塑像构图与建筑构图的关系也很重要。我们在下屋东或西侧外槽内，可以选择到一个适当位置，避开阑额的荫挡向上仰视。在这个位置可以看到观音像发冠中点以下的全部侧面，这也就是：自观音像正面发冠以上的中点，斜向下方紧贴下屋阑额铺作，作一直线直达下屋地面，则此线与地面的交角恰为60°。所以全部塑像的构图是一个等边三角形。这个三角形的三个角，各略超出立面建筑构图中心的正方形图案，观音像位于中心线上，左右侍像位于中心线左右各13材位置；从侧面看，侍像正位于构图的中心线上，而观音像位于中心线的内侧，于是全部塑像的构图与建筑构图融为一体。

观音像既通联上下两层，当然每层均应自成一幅构图，并且都可以由柱、额形成一个画框。在下屋，进门即看到扁平的附有钩阑的坛座（今钩阑已失去）。座上中部为主像的莲座及其下半身的衣饰，左右陪衬着高矮适度（略低于下屋柱高）的胁侍菩萨，是重心居中、左右对称的画面。但这个画框的上边（阑额）有割裂立像之感。幸而那巨大的躯体、流畅华美的衣饰，总是吸引着观者前进，稍一举足便可看到下垂的左手，直到近至仰视全貌才满意而止。此时已满怀惊叹赞赏，初进门时产生的割裂之感，已顿时消失。

上层所见则十一面观音胸像居中，其下环以精致的钩阑，其上则以平闇藻井为背景，也是主题居中、左右对称的画面。上层如按建筑结构的常规做法，心间两柱之间用阑额，则此阑额必定遮挡着观音头部，使只能见到面像的下半。为此，特意不用阑额，而将两柱头上的泥道栱改为一条通长的柱头方，使画框上边向上提高了约3材，消除了此项缺陷。这一措施，使我们深刻地认识到当时对建筑艺术的重视和设计者认真细致的作风。

附 录 三

Thousand-year-old Wooden Structure[①]
— A Study on Architectural Composition of *Dule* Temple

The *Dule* Temple was built in 984 at *Ji county, Tianjin*. The wooden structure has withstood numerous natural disasters, including the violent earthquake in *Tangshan* in 1976, and still remains intact, which demonstrates the remarkable achievements of ancient Chinese architecture.

Chronologically the *Dule* Temple ranks the seventh in the existing Chinese architectural monuments. However, if judged from the excellence in technique and quality in art, it should occupy the first rank. It is the topmost existing ancient architecture which contains valuable knowledge of ancient architecture to be discovered and expounded. The celebration of its millennial anniversary will inevitably give an impetus to the research on architectural history to go deeper into the fundamental theories, to enrich the contents of architecture, and to draw inspirations for modern practice.

The *Dule* Temple was first known to the architectural historians in 1932, which was also the first year we started research work on Chinese architecture prior to Qing dynasty. Being the first example investigated and measured, it was the oldest architecture known then. This reminds us that research on traditional architecture has been carried out for more than half a century. During this period, the *Dule* Temple has provided us with many inspirations and cues. In the beginning, measurements were taken, and drawings and models were made.

[①]This paper was selected from *Building in China Selected Papers*. [M], 1985 (3) and published by China Architecture & Building Press, translated by Mr. Sun Zengfan. This magazine was edited by Foreign Affairs Department of China Building Technology Development Center (now called China Building Technology Research Institute) in 1984.

Fig. 1 General view of *Dule* Temple

Based on all features of the two existing buildings in the temple, the Pavilion of Guanyin (Goddess of Mercy) and the Gatehouse, we comprehended architecture of Tang and Song dynasties, and studied the book *Ying Zao Fa Shi*[①]. The technique and art embodied in the *Dule* Temple have been used by us to serve as a guide to widen our outlook, and to bring us gradually from knowing nothing to something. Up to the present, it is still affording us with new inspirations and cues from time to time. In this paper, the author showed the first stage of recent study on the architectural composition of the *Dule* Temple, though the research on the temple is far from being complete, and that there is much more to be done.

We have already known that standardization and typification in architecture were enforced not later than early Tang, and that *Ying Zao Fa Shi* of Song dynasty recorded regulations of various structural forms and elements in text and in drawings. However, for a long period, we believed that the standardized regulations therein involved only structural

---

[①]*Ying Zao Fa Shi*: *Building Standards in Song Dynasty*, 1103.

constructions or element forms. Till the recent years we have found that those regulations also involve aesthetic requirements. In Vol. V of *YZFS* on "Eaves" it reads: "The eave-line between the two corner columns is also to be slightly bent in horizontal projection." Why so? It is explained as follows: "... otherwise it will apparently appear convex instead of straight." Evidently this is an aesthetical requirement. It is a pity that such explanations are given very occasionally, which only pointed out what to do, instead of giving the reasons. For example, in Vol. V on "Eave Hip-rafter"[1] it reads: "For buildings from five bays by eight rafters to seven bays by ten rafters, the length of the ridge purlin is to be increased by 3 *chi* [2] at each end." The reason for doing so is not given. Only after studying the regulations on length and depth and comprehensive analysis of actual examples, we understood that buildings of such sizes have the approximate ratio of 3:2 in their plans, and thus the ridges will be too short in elevation if hip roofs are used. This is the reason why the ridge purlin should be increased in length to make the elevation look better. This is a question concerning the ratio between length and depth in plan and the composition in elevation.

Bits of information like these remind us that requirements in aesthetics were as strict as in structure. Only analysis on actual examples can help us to understand these requirements. I tried in my previous work *Wooden Pagoda at Yingxian* to analyze architectural compositions and gained some knowledge. In this paper, I try to use another method to analyze the two buildings, the Pavilion and the Gatehouse, by basing on *cai-fen* system[3], with the hope of new findings.

---

[1] eave hip-rafter: the lowest hip-rafter projecting beyond the axis of eave-columns and supporting the eaves.

[2] *chi*: a Chinese measure of length. 1 *chi*=10 *cun*=100 *fen*. The actual length of *chi* varied in different periods of history. In Song dynasty, the maximum value of *chi* was 32 cm.

[3] *cai-fen* system: the modular system for structural carpentry in Song dynasty. Originally the term *cai* referred to the cross-section of standard timbers, based on 15×10 times the basic module *fen*. The actual measurements of both *cai* and *fen* were in eight grades. Sometimes the term *cai* referred to the height (15 *fen*) only. In this paper the latter sense is referred to.

I. Plan

The Pavilion (Fig. 2) is five bays by eight rafters, with double eaves. The Gatehouse (Fig. 3) is three bays by four rafters. Both are determined by functional requirements, which will not be discussed in this paper. What will be analyzed here are the proportions in plan. Let us denote the module *cai* by "C" and the basic module *fen* by "F". The Pavilion has a total length of 78C on the front and a total depth of 55C on the sides, the ratio being $\sqrt{2}$:1. The Gatehouse has a total length of 67C on the front and a total depth of 36C on the sides, the ratio being 1.86:1. Existing examples generally show an approximate ratio of 3:2 between

Fig. 2 The Pavilion of Goddess of Mercy

Fig. 3 The Gatehouse

length and depth, for which a hip-and-gable roof[①] is suitable, and so is the Pavilion. For a
building with a ratio of 2:1, a hipped roof is suitable. The ratio in plan of the Gatehouse lies
between 3:2 and 2:1. Therefore, either a hip-and-gable roof or a hipped roof with prolonged
ridge purlin can be used. The latter solution has been adopted in the Gatehouse. The key
point is that when the main ridge of a hipped roof has a length of 1/3 of the total length of the
roof, an optimum in composition will be obtained. We can see that the plans and roof forms
of the Pavilion and the Gatehouse conformed with the general requirements prevailing then.
Now we are going to investigate how the actual lengths of bays and rafters in terms of C are
determined, i.e., how can they be fixed to form definite relationships.

The Gatehouse will be analyzed first, starting with the cross-section. It is two bays
in depth, each 18C. According to the regulations prevailing then, the maximum horizontal

---

[①]hip-and-gable roof: a hip roof with small gables on the two sides.

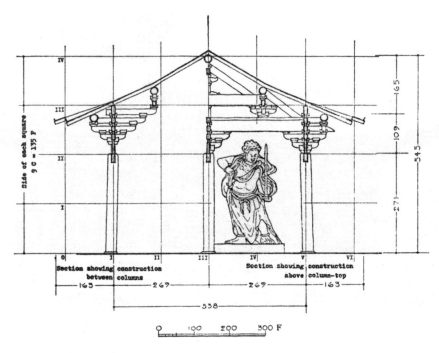

Fig. 4 Cross-section of the Gatehouse

projection of a rafter is 10C. Hence, two rafters should be used for each bay in depth. This is controlled by structural requirements. The Gatehouse has therefore four rafters in cross-section. However, the rafters are not of equal length, the horizontal projections of upper rafters are 10C each, and those of the lower rafters 8C each (Fig. 4). From the existing traditional architecture of an early age, we can see the common practice that the lengths of horizontal projections of rafters vary with the position, the higher the longer. We shall not investigate on this point here. Anyway, the upper rafter with its horizontal projection of 10C has reached the maximum limit required by the structural regulations prevailing then. Therefore, a bay of 18C in cross-section can also be considered as the maximum limit.

Next, we shall see the front elevation of the Gatehouse. The original idea was probably to have a large hall with hipped roof. According to the regulations, the total length in elevation would be twice the total depth in cross-section, i.e., 2×36C-72C at its best.

However, this could hardly be met in construction and structure, and one had to be contented with the largest possible dimension. Thus, the central bay is 25C in length, the maximum limit allowed then. For the sake of carrying the diagonal hip-rafter above, the end bay at the corner has to be the same in length as the depth in cross-section, i.e., 18C. Furthermore, the length of the ridge purlin in the central bay is allowed to be increased by 3C on each end. This dimension is added to the length of end bay, making it 21C. Therefore, the total length of the Gatehouse reaches 67C, which is 5C shorter than that required by the optimum proportion of 2:1 in plan. However, the difference is not much. At the same time, increase in length of the ridge purlin makes up the defect of shortness of the main ridge in elevation, and brings a better appearance (Fig. 5).

From the investigations above, we can see that the length of bay in elevation and its depth in cross-section are the best proportions allowed by the structural regulations. We also learn that 10C as the maximum horizontal projection of rafter and 25C as the maximum

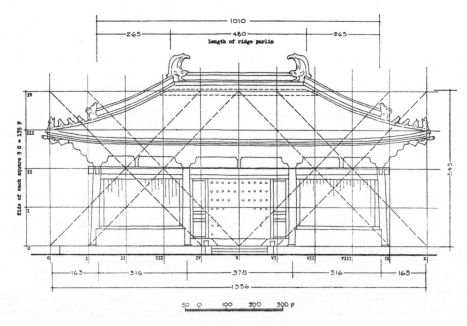

Fig. 5 Front elevation of the Gatehouse

length of bay, as stated in *YZFS*, had come down from tradition. The increase in length of the ridge purlin was limited to 3C on each end prior to Song dynasty. It was only during the compilation of *YZFS* that the increase was revised to be 5C on each end. Since the Gatehouse was built prior to the book *YZFS*, it naturally could have its ridge purlin increased in length by only 3C at each end rather than by 5C.

Next, we shall see the Pavilion. The actual dimensions used are much smaller than the upper limits set in the structural regulations prevailing then. Therefore, there were little restrictions and much flexibility in design.

The lower storey of the Pavilion has a total depth of 55C in cross-section, consisting of eight rafters. The front and rear outer *cao*[①] each has two rafters, totalling 13C in horizontal projection, and averaging 6.5C for each rafter. The inner *cao* has four rafters, each a little more than 7C in horizontal projection, totalling 29C. Such dimensions fully satisfy the functional requirements. The total length of the building is 78C, exactly six times the value of 13C. I don't think this is merely an accidental coincidence. We infer the considerations of the original designer as follows: With the total length of the building in six times 13C, and the total depth in four times 13C, a proportion of 3:2 in plan would be obtained. A proportion of $\sqrt{2}:1$, if desirable, could easily be obtained by increasing the total depth or decreasing the total length. Actually, the former measure was adopted by increasing each of the two central bays on the side elevation by 1.5C, making the total depth 55C (Fig. 9, 10).

The front elevation has 5 bays across. According to the analysis below, the length of each typical bay is 17C. It can be supposed that the original layout might consist of three central bays each with a typical length of 17C and the two end bays each with its length equal to its depth, i.e., 13C, totalling 77C, which would be 1C less than it was intended. As it is, the

---

[①]*cao*: the space enclosed by rows of eave-columns, interior columns and the bracket sets above in a building of *diantang* construction.

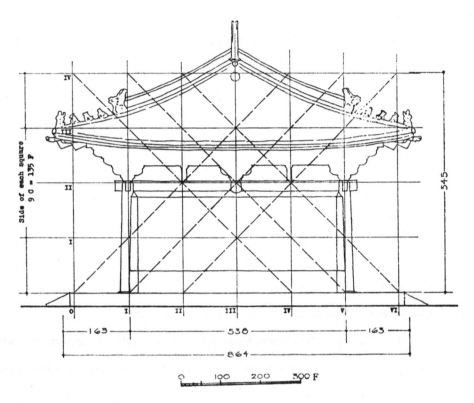

Fig. 6 Side elevation of the Gatehouse

central bay is 1C more than the typical length, i.e., 18C, the two intermediate bays in typical length of 17C, and the two end bays 13C each, totalling 78C. Why was the latter measure of decreasing the total length as mentioned above not used? In that case, the three central bays would be 16C each, totalling 74C. Two reasons for not doing so can be inferred. The first is that a larger size was preferable. The second is the consideration of elevational composition (see below).

The above investigation not only clarifies how the length of each bay of the Pavilion was determined, but also gives an explanation to the common fact in architecture of old that the central bay has the longest length, and the other bays decreasing successively in length towards the ends. The reason of unequal lengths of bays is for the adjustment of proportions in plan and elevation.

The above investigation not only clarifies how the length of each bay of the Pavilion was determined, but also gives an explanation to the common fact in architecture of old that the central bay has the longest length, and the other bays decreasing successively in length towards the ends. The reason of unequal lengths of bay is for the adjustment of proportions in plan and elevation.

II. Column Height and Value "H"

The key to plan design is the length of bay, while the key to elevational design is the column height or value "H". All single-storeyed buildings of old consist of three parts in elevation: the platform, the building proper and the roof. The Pavilion is a two-storeyed structure in appearance. The structure with brackets seen above the lower eaves, called *pingzuo*[1], actually is the platform or substructure for the upper storey. Therefore, the Pavilion is formed by superposing one complete structure on another. When Prof. Liang Sicheng discovered the *Dule* Temple, he noticed this fact and pointed out that we should pay attention to it in our research. Although we now have some knowledge of this fact, we are still far from full comprehension, with many problems left unsolved.

After analysis on existing buildings of Tang and Song dynasties, we know that the design of a single-storeyed building is based on one with four rafters as a standard. Above the platform there are two parts: the building proper and the roof. The height of the building proper is that of the columns in the central bay. The height of the roof is the sum of the height of bracket set[2] above column and that of the roof-frame, which is equal to the height of

---

[1]*pingzuo*: the substructure for building proper with projections all around in bracket sets to form a platform or balcony.
[2]bracket set: a cluster of architectural elements composed of square bearing blocks and bow-shaped brackets.

column. If the building has more than four rafters, the height of the roof-frame is measured to the top of lower intermediate purlin[①] only. Let us denote this standard height used in design by "H". Then, the total height of a single-storeyed building is 2H; that of a single-storeyed building with double eaves, 3H; for a single-storeyed building with more than four rafters in cross-section, an extra height of roof-frame above the lower intermediate purlin must be added. The height of an upper storey in a multi-storeyed building is also 2H, the difference being that the height of the building proper of the upper storey includes the height of the bracket set in the substructure under the column. Hence, the net height of the column in an upper storey is less than that in the lower storey.

Actual measurement of the Gatehouse shows that the height of the column is 18C, and the height from the top of column to the top of ridge purlin also 18C, totalling exactly 2H (Fig. 4, 5). It is in conformity with the above-mentioned relationships.

Actual measurement of the Pavilion shows that all values of H are 17C, with the exception of the facade of the lower storey. In the lower storey, both the height of the facade and the height in the interior from the ground floor to the top of the column supporting the bracketed substructure of the upper storey are 34C. In the upper storey, both the facade from the top of the above-mentioned column to the top of middle intermediate purlin[②] and the height in the interior from the top of the above-mentioned column to the top of coffered ceiling are 34C. In other words, each 2H equals the total height of a single-storeyed building with four rafters, and the total height of the Pavilion from the ground floor to the top of middle intermediate purlin is 4H (Fig. 7, 8), equalling to the height of two single-storeyed buildings superposed one on the other. These are in conformity with the relationships mentioned above. However, there are other points which we did not know or did not notice

---

[①]lower intermediate purlin: the lowest purlin above the eave purlin in a building with 9 purlins.
[②]middle intermediate purlin: the purlin above the lower intermediate purlin in a building with 9 purlins.

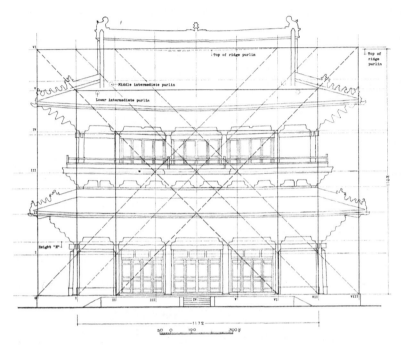

Fig. 7 Front elevation of the Pavilion

before. Firstly, the top of the ridge purlin of a building with four rafters is taken as the standard for the height of a roof-frame. For a larger building with hip-and-gable roof, three purlins supporting two rafters above turn around the corner of the building. Secondly, in the upper storey, the height in the interior from the column-top to the top of coffered ceiling is also one H, which is probably a standard measure in interior design with latticed and coffered ceilings. Thirdly, the eave-column in the lower storey has a height of 16C, which is less than one H; while the bracket sets and the roof-frame together above the column have a height of 18C, which is more than one H. However, the sum of the two still makes 2H. This explains that H was used as the standard in height for both the building proper and the roof, and the two might be slightly adjusted with each other provided the sum remaining 2H.

The structural system of the Pavilion is composed of tiers of integrated constructions

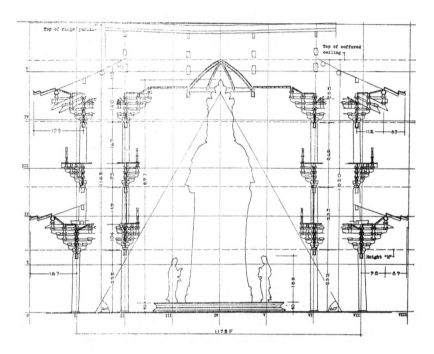

Fig. 8 Longitudinal section of the Pavilion

of columns and architraves[1], bracket sets, etc., one above another and crowned by the roof-frame construction. The outward appearance truly reflects the structure. Since the value of H is clearly expressed in the elevation as repeated measures of equal height, it naturally brings a neat and rhythmic appearance in its aesthetic effects and forms an important factor in architectural composition. Therefore, it can be inferred that equal heights of value H actually might be drawn first as a guide and basis for composition during design.

How was the value of H ascertained? This is an important problem not yet fully clarified. It is easy to find out the standard value H from analysis of measurements found in actual examples, because it is a constant, and there is only one value for a particular building,

[1]architrave: a lintel connecting the tops of columns.

especially in multi-storeyed buildings where the value is same in the upper storeys as in the lower storey. Furthermore, the value H is also equal to one of the lengths of bays, as stated in *YZFS*: "Long may the column in the lower storey be, yet not exceeding the length of bay." So far is what we know about the value H. It seems that the limit of "not exceeding the length of bay" is only a superficial phenomenon. Was the length of bay first ascertained and then accordingly the value H, or on the contrary? This has to be further investigated. Anyway, with the value H equal to the length of bay, definite relationships among lengths, depths and heights can thus be set up, affording the basis for elevational composition.

III. Elevational Composition

In the Pavilion, the height of 4H, which is 68C, is measured to the top of the middle intermediate purlin as mentioned above. Actually, the height to the top of ridge purlin is 78C. This figure coincides with the total length of the building at the lower storey. I don't think this is an accidental coincidence either, and must be the result of repeated deliberations. Firstly, during the phase of preliminary design, approximate values could be calculated. For example, after the lengths of bay and rafter had been ascertained, only the storey height and the height of the roof-frame were needed in calculating the approximate total height of the building, since the height of column and the value of H were all equal to the typical length of bay. The height of the roof-frame was generally "based on the ratio of 1:4" (the rise to the span). With the total depth of the building of 55C, 1/4 of which would give approximately 14C. For the increase in height due to successive projections of brackets, it was also 1:4 for each tier. Four tiers of bracket projections gave a height of 4C. Therefore, the total height of the roof-frame would be 18C.

Now let us look at the actual case. Firstly, the central three bays of the Pavilion have a total length of 52C, while the height from the ground floor to the top of upper storey column is 51C. This can be taken as a square (Fig. 7). It can be seen here how the rule that "the column height should not exceed the length of bay" works in composition. Secondly, both the total length and the total height are 78C. Although they form a second square, they do not show the overall silhouette of the front elevation, which should also include the projection made by brackets, eaves and flying rafters[①]. Therefore, another gridline 13C apart has been added to each of the two sides of this second square. In the analysis of plan above, it has been pointed out that the total length of the front elevation is 6×13C, while the length of each bay is coincidently 13C. The total height, being equal to total length, is also 6×13C. Therefore, if based on the multiples of 13C, the composition of the front elevation will be as follows: the overall silhouette is a rectangle of 8×6 (Fig. 7, 8); within which there is another rectangle of 6×5; the innermost is a square of 4×4. It can be seen that the composition of the side elevation can simply be obtained by reducing two units in the grid (2×13C) from each side of the diagram of front elevation (Fig. 9, 10). The overall silhouette of the side elevation is a square of 6×6, within which there is an upright rectangle of 4×5, and the innermost another upright rectangle of 2×4.

As mentioned above, the whole composition is based on the module of 13C. The relationship between this module and the typical length of bay and the value H is that 13×4≈17×3. This relationship was ascertained from the start of plan design, so that the three central bays could not be designed as 16C each in length, since in that case, the use of 13C as the module for composition would be impossible. All dimensions including total length, length of bay, total height, value H, and even the height of the statue would then be considered otherwise, with the result of a different pavilion.

After all, do all the key points in the whole composition follow exactly 13C or its multiples? No, not so mechanically. It will do so far in approximation, and in conformity with the relation 13×4≈17×3. For example, the square at the centre of the front elevation actually

---

[①]flying rafter: an additional rafter on the outer end of an eave-rafter.

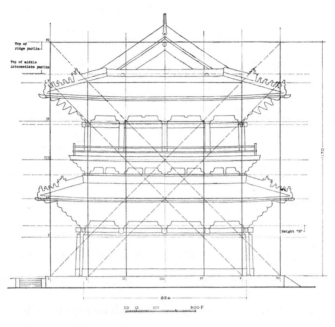

Fig. 9 Side elevation of the Pavilion

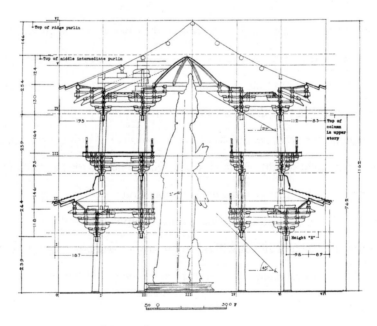

Fig. 10 Cross-section of the Pavilion

is 52C (13×4) in length and 51C (17×3) in height, giving a ratio of 100:98, which is allowable in aesthetical compositions. Next, overall consideration should be given, rather than taking a one-sided approach in the expense of the other. For example, the overall silhouette of the front elevation has a length of 8×13C, in which 13C has been added to each side of the building proper. Actually, the projection formed by the brackets, eaves and flying rafters on each side is only 12.5C, causing a difference of 1/2C. Moreover, the projection is rather small. Why didn't it make larger to make up the difference? We find the answer in the side elevation. The overall silhouette of the side elevation is 6×13C (78C). Actually, the total depth of the building proper is 55C, with a projection of 12.5C on each side, totalling 80C, which is already exceeding the overall silhouette by 1C on each side. In case the eave projection on the front elevation was made larger, that on the side elevation would accordingly increase and exceed the overall silhouette still more. Therefore, the eave projection on the front elevation could not be made larger. It can be seen that eave projections are determined by considering both the front and the side elevations. In the meantime, the difference is trifle in comparison with the overall silhouette of 78C or 104C.

Now we shall examine the composition of the Gatehouse (Fig. 5, 6). The front elevation is 36C in height. The length of the building proper is 67C, with additional 11C of eave projection on each side, totalling 89C. In the side elevation, the building proper has a depth of 36C, with a total of 58C including the eave projections. Is there a module in composition among the figures as in the case of the Pavilion? Analysis based on the above figures shows: The building has a length of 2×18C, a length of 5×18C minus 1C in front elevation, and a depth of 3×18C plus 4C inside elevation. These are approximate multiples of 18C. However, this figure differs too much from 11C of the eave projection and is inconvenient for analysis. Let us try to take 18/2, i.e., 9C, as the module for composition analysis. In this way, the overall silhouette is a rectangle of 10:4 in the front elevation and another rectangle of 6:4 in the side elevation (Fig. 5, 6). Although there are discrepancies between the overall silhouettes and the actual measurements, just as there are in the Pavilion, the analysis is tenable in general.

The Gatehouse has its particular feature in the composition of the front elevation, i.e., the centre of interest is not conspicuous. The central bay should have been the centre of interest, yet it does not stand out. If the two side bays were taken as the centres, they are dispersed. However, this is an inevitable reflection of the functions. The central bay is the entrance to the whole temple, which ought to be the centre. Yet the statues and murals of the guardian deities in the two side bays are also important features of the temple. It is hard to differentiate which is primary and which is secondary.

We are used to the appearance of the Pavilion for a long time and have never found anything improper. However, in the analysis of its details, we have the feeling that the roof rises much and the eave projection relatively small, which seem to be not in conformity with the regulations of Tang and Liao dynasties. We suspected that changes might have been made during the renovations in the later generations. In the analysis on architectural composition this time, we accidently find the answer to the above problem. We find that the Pavilion is in its original design without being changed after built. The reasons are as follows:

Let us examine the Gatehouse first. The eave-supporting tie beam in the side elevation has a clear total length of 43C, while the roof-frame has a rise of 11C. This shows a ratio of 1:4. The eave projection is 7.5C on each side. Both coincide with the regulations in *YZFS*. This proves that the book had preserved the former traditional practice. On the other hand, the eave-supporting tie beam in the side elevation of the Pavilion has a clear total length of 66.6C, while the roof-frame has a rise of 18C, which is more than 1/4 of the former. The eave projection of the lower storey is 6C, and that of the upper storey 5.5C. However, according to *YZFS*, the proportions of both lower and upper storeys should be 9 or 8.5C.[1] The discrepancy is great. Both the Pavilion and the Gatehouse were built at the same time. Why are the treatments so different? Based on the Gatehouse, it proves that the rise of roof-frame prevailing then was truly 1:4. Therefore, the rise of roof-frame of the Pavilion ought to be 16.5C. However, to meet the requirements of composition of the overall silhouette, it was increased to 18C, i.e., approximately in conformity with the statement "one to four, with additional 8 *fen*[2] for each *chi*" as given in *YZFS*. Therefore, the roof of the Pavilion is steeper than that of the Gatehouse. As mentioned above, even so it is still 0.5C less than that required by the overall silhouette. It should also be noticed that the increase in roof height has already reached the maximum limit allowed then. As to the decrease in eave projection, it can easily be understood that it is due to the adaptation to compositional requirement in silhouette. The possibility of much decrease in projection lies in the fact that there are many tiers of brackets. From the diagrams (Fig. 7, 9) we can see that the eave projection after reduction is still 12.5C, nearly approaching the length of the end bay, which is satisfactory.

IV. Composition of Interior Space

The Gatehouse has no ceiling, all structural members being exposed without any obstruction. This kind of construction gains its aesthetic effect solely through simplicity and order in structure, in other words, it purely depends on strict logic in construction rather

---

[1] There has a difference between Chinese version and English version about this sentence. The Chinese version says "however, according to *YZFS*, the proportions of both lower and upper storeys should be 8.5C." The editor found that the English version is "9 or 8.5C", which was corresponded with the Chinese version in 1984, but the author has modified it into 8.5C in *Collected Essays on Culture Relics and Archaeology* by Cultural Relics Publishing House in 1986.

[2] *fen*: a Chinese measure of length, 1/100 of *chi*. This is not to be confused with the other sense of the same word, as in *cai-fen* system and all text of this paper except in this quotation.

Fig. 11 East statue of guardian deity in the Gatehouse   Fig. 12 Statue of the Goddess of Mercy

than composition. Only two or three of such masterpieces can be found in existing Chinese traditional architecture, among which the Gatehouse is one.

In the Gatehouse, the front half of the end bay has a depth of 18C, within which space and slightly to the centre, stands the statute of a guardian deity. The columns between the central and side bays are 18C high. Upon the seat block[①] at the top of each column rise two tiers of transversal brackets, which support a porch beam[②]. The bottom of the porch beam is about 22C above the ground floor. The columns, the brackets and the porch beam form a picture-frame for the statue. The height of the statue, including its pedestal, is about 20C.

[①]seat block: the lowest bearing block in a bracket set, supporting all other members of the set.

[②]porch beam: a beam column and an interior resting atop an eave-column and interior column.

When one stands in the central bay and looks at the statue, it is just within the picture-frame. The body of the statue is slightly to the inner side, with the face looking down to the outer side, thus gaining balance in composition. Such utilization of the contour of architectural members themselves as a picture-frame, as well as the position, posture and height of the statue had been deliberately considered and appropriately treated. A blemish in an otherwise perfect thing is the disturbance in the background of the statue formed by the inward projections of the bracket sets between columns and at the corner (Fig. 11).

In most of the buildings in *diantang* construction[1] in Tang and Liao dynasties, *ping-an* ceilings[2] were used in the interior. The Pavilion is a typical example. According to the outer-and-inner *cao*[3] type of construction, the interior is divided into two spaces, the outer space surrounding the inner. The Pavilion has its own characteristics. Although *ping-an* ceiling is also used in the outer space at the lower storey, the inner space is in the form of a hollow cylinder running right up to the upper storey. Thus, one large space in the form of an inverted "T" is formed by combining the outer and inner spaces to house the colossal statue of Goddess of Mercy (Fig. 12). Standing in the outer space on the ground floor and looking up, one can see the whole statue with a rhythmic combination of bracket sets, a latticed ceiling and a coffered ceiling as its background. Such an elegant and magnificent spectacle is unique among Chinese traditional architecture of old.

In the upper storey, the outer space forms a gallery surrounding the hollow cylinder, the ratio of height to width of the gallery being 3:2. The inner space is the upper part of the large

---

[1]*diantang* construction: a type of construction in Song dynasty for large buildings, formed by columns, bracketing system and roof-frame one upon another.

[2]*ping-an* ceiling: a latticed ceiling with bars in small squares and boards without decoration.

[3]outer-and-inner *cao*: a type of *diantang* construction in which the building is divided into two *cao*, the building is one within the other, the outer one being the space between eave-columns and interior columns.

hollow cylinder, with latticed and coffered ceilings above the whole area of three bays and four rafters. The central hollow space forms a strong contrast to the surrounding gallery both in height and width. The latticed ceiling of the gallery is splayed at the corners on two sides, making the cross-section of the gallery in the form of a tablet, while that over the central hollow space is splayed at the corners on all sides, with a deeply recessed coffered ceiling crowning the central bay and right above the statue.

The bracket sets below the latticed ceiling are bold, orderly and rhythmic. Both the latticed and coffered ceilings are made with small wooden bars rectangular in section to form grids of squares or other geometrical patterns, showing fine craftsmanship (Fig. 12). The grids of the latticed ceiling in the outer space are continuous, giving a sense of depth, while porch beams across columns add rhythm to the pattern. Being the climax of the interior in architecture, the coffered ceiling emphasizes the protagonist of the Pavilion – the eleven headed Goddess of Mercy. To sum up, the aesthetic treatment of the interior space depends solely on the construction in carpentry and craftsmanship in cabinetwork, which are ingeniously combined to give a simple and elegant atmosphere. There is no applied decorative element of any kind. There is no need for polychrome decorative painting. It is already a perfect work of art. Among the existing Chinese traditional architecture, such an artistic level can only be found in this Pavilion and the East Hall of *Foguangsi* Temple of late Tang dynasty.

Let us go back to the analysis on elevational composition given above. We can see that the elevational compositions of both the Gatehouse and the Pavilion not only reflect the respective architectural construction, but also the interior spaces. The composition of the Gatehouse is simple, which has already been treated above. For the Pavilion, the square in the diagram as the centre of the elevational composition also expresses the large central space in the interior (Fig. 7, 8). The rectangle outside the square expresses the outer space on the two sides and the brackets, latticed and coffered ceilings above. The integrity of elevational and interior compositions is to be attributed to the fact that the architectural composition is based on construction and the construction is standardized.

Lastly, the relation between the compositions of sculpture and architecture is also important. We can find an appropriate position in the east or west outer space in the lower storey from where we can have a full side view of the statue below the hairline without the obstruction of the lintel. As shown in the diagram, two lines are drawn from the centre of the headdress of the statue and slanting downwards and sidewise to the ground floor without the obstruction of bracket sets and lintel. Each line forms an angle of 60° with the ground floor (Fig. 8). Therefore, the composition of the statue is an equilateral triangle. Each of the three apexes of this triangle projects a little beyond the central square in the elevational composition. The main statue is on the central axis, while the accompanying small statues are each 13C from the central axis. Looking from either side (Fig. 10), the small statue is on the central axis, while the main statue is a little behind it. The composition of the statues is thus incorporated with the architectural composition as an entity.

Since the main statue occupies two storeys, naturally a composition will be obtained from each storey, each being enclosed by a picture-frame formed by columns and lintel. In the lower storey, one sees the flat pedestal (originally with balustrades) instantly on entering the Pavilion. Upon the pedestal are the lotus-base and the garment over the lower part of the main statue at the centre and the accompanying two small statues of appropriate height (a little shorter than the height of the column in the lower storey) on the right and left. This forms a composition of strict symmetry. However, the upper border of this picture-frame (the lintel) has the effect of cutting the statue. Fortunately, the colossal body of the statue with its beautiful flowing garments always attracts a spectator to go forward. A few steps forward will bring the down-hanging left hand into sight, and finally the whole statue is in view. At this instant, the spectator is full of surprise and admiration, with the initial sense of split vanished already.

Fig. 13 Statue of the Goddess of Mercy as viewed from the upper floor

Looking from the upper storey, one sees the bust of the statue at the centre, the surrounding balustrade of the gallery below, and the latticed and coffered ceiling as the background above (Fig. 13). It is also a composition of symmetry. If the usual practice of using an architrave between columns were adopted, it would certainly obstruct the upperpart of the head of statue. For this reason, no architrave is used between columns in the central bay particularly. Instead, a long tie-beam is used in place of the bracket above the column-top, thus raising the top border of the picture-frame by about 3C and avoiding the above-mentioned defect which would otherwise happen (Fig. 10, 13). This treatment reminds us of the great attention paid to the artistic effect in architecture and the meticulous care of the designer.

附 录 四

回忆陈明达先生

——《蓟县独乐寺》代序

王其亨 [①]

杰出的建筑历史学家陈明达先生（1914—1997 年）离开我们已经十周年了。这十年间，经过他的亲友、学生们的不懈努力，他的许多遗著陆续发表或出版，令我们仿佛继续聆听到他思维缜密的授课，并从中受到新的启迪。这次陈先生晚年的力作《独乐寺观音阁、山门的大木制度》增编为专著出版，对比他早期的著作《应县木塔》、中期的著作《营造法式大木作制度研究》，我们又一次领略到这样一位大师级的建筑历史学家严谨的治学态度。

这部专著出版在即，大家坚持要我为之作序。我本不习惯作序，但这涉及我与陈明达先生之间的一段特殊经历和一份特殊情感，所以，我愿意在这里写下来，一者代序，二者表达我对先生的敬仰和纪念。

一

在陈先生为数颇丰的遗著中，《独乐寺观音阁、山门的大木制度》是极为重要的一篇。因为：

1. 独乐寺观音阁、山门这两座辽代建筑遗构在中国建筑史上占有非常独特的一页：大时代已跨入北宋时期，而与北宋毗邻的辽王朝却因为文化倾向上的取舍，在建筑方面具有与北宋大致相同的技术水准，而在艺术风格上却更多地继承了唐代的雄健豪迈的风气，故现存九座辽代建筑遗构几乎个个都是上佳之作。其中辽宁义县奉国寺大殿、

[①] 王其亨（1947 年—　），建筑历史学家，天津大学建筑学院教授、博士生导师、学科带头人。

山西大同华严寺大雄宝殿以大体量、大气势雄冠一时；山西应县木塔是建筑技术水准的巅峰之作；蓟县独乐寺两建筑则诚如陈先生在另一篇文章中所评价，"若论技术之精湛、艺术之品第，均应推为第一，可以说是现存古建筑中的上上品"。因此，无论从建筑风格的唐代遗风而论，还是就宋代建筑技术和设计原则的成熟、定型而论，对独乐寺两建筑的研究，都是解读以《营造法式》为标志的中国古代建筑学体系的关键环节。近年来，对辽代建筑特别是对独乐寺两建筑的研究论著是很多的，但代表唐辽建筑研究最新进展和最高水平的，还须首推陈先生的这篇十七年前的旧作。

2. 单就独乐寺建筑研究史而言，早在 1932 年，梁思成先生发表《蓟县独乐寺观音阁山门考》一文，不仅是独乐寺建筑研究的开山之作，更以"田野考察"工作方法的引进，标志着中国建筑史学的诞生。梁先生的方法，要而言之，是引进西方的科学观以重新认识民族建筑文化的方法。这个方法，无疑是具有开创意义的。但是，随着时代的发展，在充分掌握了西方科学方法之后，似乎应该有新的侧重和突破了。恰逢其时，陈先生意识到：在理解西方现代科学精神、科学方法的基础上，使用本民族的历史语言从事建筑历史的研究是十分必要的。故本篇通过复原辽宋时代的建筑语言，使用"材份""宋尺""标准间广""数字比例""方格网"等传统语言和工具，以缜密的逻辑推演向我们展示古代建筑师设计一个建筑组群的过程。陈先生的这个专题研究，使他向"重新发现、确立我们本民族建筑学体系"的学术理想又迈进了一步。这篇《独乐寺观音阁、山门的大木制度》与梁先生的《蓟县独乐寺观音阁山门考》，各自代表了所处时代学术研究的最高水平。

关于古代建筑哲匠在建造房子之前是否进行设计的问题，历来说法不一而偏重于"没有设计"。这似乎是个小问题，但实际上涉及中国古代建筑是"陈陈相因的原始状态，还是如西方人一样视建筑为一个艺术创作"的大问题。故陈先生对此是竭力辨析的。记得二十世纪八十年代中后期，我在从事样式雷图档研究的时候发现了一张某陵碑亭设计图，是同一碑亭的两个方案比较，以朱笔画方格，二分作一尺（即 1/50），墨笔作设计图。由此，似可证明清代的匠师是有设计图的。我将这份图纸的复印件呈送给陈先生。当时他撰写这篇独乐寺专论的工作已接近尾声，这张图纸恰好可以补充他的实例佐证，使"战国中山王䂬墓《兆域图》""宋《营造法式》地盘图、侧样图"和"清代样式雷图"等前后衔接起来，环环相扣，证实了陈先生"当时不但有设计图纸，而且必定有全面细致的图纸以及分析比较的图纸"的立论。作为他的学生，我能有机会为先生的论证过程出一臂之力是深感荣幸的。

由此，我也想起陈先生与我之间一段师生"教学相长"的往事。

大概是1982年冬天的一个上午，陈先生给我讲授了大约两个小时的《营造法式》课之后，突然说："我不讲了，咱们讨论吧。"

我那时初出茅庐，或者说是"初生之犊不畏虎"（说是初生之犊，也35周岁了），当即提出，中国古代"几何分割"的理念比较薄弱，而始终强调"关系"，即相互的关系，就跟《营造法式》里的大量描述一样：一个高、面宽，广、厚之间就是体现出的这种关系，且都采用数字比来表达，而不是用几何分割方法。

此前，我一直比较关注科技史研究，在对于西方数学史、中国数学史的阅读和思考中，发现在中国古代没有类似西方欧几里得几何的体系，而是一种建立在形式逻辑基础上的、更多地讲求实际应用的数理体系，都是用算学或者用数字来进行比较、归纳、研究。最典型的如"毕达哥拉斯定理"，在中国古代却称之为"勾三股四弦五"，即将其用数字比表示；而圆周率、割圆术等，推导出来的约率和幂率也是如此。用在《营造法式》里的数字比都可以视为"黄金分割比"。

我的这个看法，触及了梁、刘二公等老一辈中国建筑史学家所一直沿用的研究方法：使用西方的数学理念研究分析中国建筑。陈先生在《应县木塔》的研究当中，可能受到"五四"以来"西学东渐"所及西方的欧氏几何的构图分析方法的影响，也是以画圆、画三角、画对角线等来分析中国古代建筑的。

当我将这些观点讲出来之后，陈先生表示认同，并马上与我讨论中国古代建筑平面比例的规律。

我想，陈先生之所以鼓励、赞同我那时还不很成熟的思考，甚至从中采纳了我的一些观点，而不固执己见，因为他一向认为：既然研究中国古代建筑，就要了解我们古人的真实想法，亦即在当时背景下古人是怎么想的，无论其对与错。更何况古代建筑中一系列世界文化遗产都能证明其合理性，不见得一定要采用西方人的方法才被认为是科学的、成功的。

现在看来，在五四运动前后，引进西方的科学理念无疑是重新认识本民族传统建筑的必经阶段，而下一步的工作是尝试重新建树中国建筑学体系的问题。在第二阶段，回归传统语言体系是一个关键，毕竟西方的方法主要是解决西方问题，未必都合乎中国的实际。陈先生在完成了《应县木塔》之后，就一直在思考这个问题了。认真研读和体会其早期的《应县木塔》、中期的《营造法式大木作制度研究》，最后到关于独乐寺的研究，可以看到贯穿其间的这个变化。在这个变化中，他不满足于已有的成果，对后辈善加鼓励、平等交流，始终在寻求新的思路、新的突破。那次师生之间的对话，可算是一个"教学相长"的实例，体现了陈先生真正的大师风范。

陈先生在《应县木塔》《营造法式大木作制度研究》当中，都强调过"材"，因为《营造法式》规定"以材为祖"；在大木作研究以后，他就强调"份"，他说光靠"材"不够；而再往后，他再次主张从"份"回到"材"，他说还得"以材为祖"。此时他画的分析图不再有对角线、三角形、圆、黄金分割等，采用的全是方格网，一种更简洁、更洗练的比例关系。而这也是符合中国古代思维模式的。今天看起来，这也并非是出乎意料，毕竟在原来对中国古代的数理思维模式有一个长期了解之后，我就一直相信在古代建筑中必然存在着一整套的数理关系。中国的象棋、围棋、中国的军阵图，大量使用的都是这样的方形格网。还有中国古代的地图，"计里画方"，都可以上溯至"井田"二字上面。

我受教于陈先生门下，经过师生之间多次的沟通以后，深切感觉到陈先生后边的理路确实和前边有了明显的不同，又回到中国传统的思维方法上了，我认为这个更为本质。陈先生晚年所写的《中国建筑史学史提纲》（残稿），即是想通过深入的研究去恢复一个属于中国自己的建筑学体系。为此所作的尝试之一，即陈先生所言的，要用中国自己的语言去描述和研究中国古代建筑。

这些重要的学术理念，正体现在陈先生的独乐寺研究之中。

二

有关陈先生的治学方法，另有一点很重要，即他特别强调"整体思维"的研究理念。他一生致力于《营造法式》研究，对于这部典籍的文本，一再强调它具有科学严谨的体例，是一部体例十分严谨、宗旨非常明确的科学著作。李诫主持编纂的《营造法式》根据当时的实际应用给出了相应的弹性，但绝对不能因为这一点就评价其不完备，因为《营造法式》更多地考虑到"估工算料"的需要，而不是针对当时的建筑设计，需要我们根据里面的信息去挖掘建筑设计规律和理念。在这种情况下，制度、功限、料例、等第、图样等这几部分都是前后关联、照应的。过去的研究往往注重制度，后边的功限、料例等却被研究者所忽略。陈先生一直强调《营造法式》是一个完整的系统，若要了解每一个局部，就必须了解整个系统，否则就会误判。这个观点对于我后来研读《营造法式》给予了很大的启发。譬如，《营造法式》中的石作制度、砖作制度、雕镌制度中，最为典型的石作、雕镌在制度中只有四种，圆雕就没有，但在功限中出现了，等第、图样中也有零星记载。同样，制度中也没有砖雕。砖雕是一种很高级的艺术式样，为什么会没有？必须回头来看《营造法式》的体例：它的覆盖面很广，一定要选择最典型的作为模板，很高级的式样必然用量是很少的，对于指导全国的标准，则要汲取《元祐法式》"只是料状"什么都能覆盖、结果没有弹性空间的教训，而形成新的体例。

按照陈先生这样的思路去解读，比如石作、瓦作，同样也会发现规律，那就不至于产生误判了。有些人认为《营造法式》编得不好，有漏洞，这恐怕都是读书不求甚解的缘故——没有了解《营造法式》编纂的基本宗旨以及相应的体例方法。陈先生之所以能够取得突出的成就，因为他很早就意识到了这一点。

另外，陈先生为了排除学术干扰，在生活中不和外界接触，但是做学问并不是关起门来"闭门造车"，而是全部打通了。他给我讲课，讲到逻辑学、形式逻辑，也讲到很多政治以及国家形势的内容等，他晚年的思路仍然是很宽的，没有一定陷在某一个特定的小圈子里面，或者成为象牙塔里面的一个学者。任何结构物、建筑物都牵扯到结构问题，许多前辈在这方面也难免略有欠缺，涉及结构问题就依托搞结构的人。陈先生对此的认识是非常明确的，他直接和结构专家一起来研究。由于知识面的拓宽和视野的开阔，他甚至注意到《营造法式》里面的许多细节，比如当时居然就有了比重的概念，砖、瓦、石等各种材料的比重都有记载，在运输土料、石材及各种木材时，各种材料的比重各异，在一个精确计量的估工算料的体系制之下，这个因素是必须考虑、估算到的。陈先生一再强调，《营造法式》是建立在当时社会发展背景下的一个很严密的科学体系。

三

我很有幸在1982年成为陈先生的入室弟子，同时也是他的关门弟子。据我了解，陈先生在此之前除私淑弟子王天先生外，没有带过研究生，仅是评阅研究生的论文，而在此以后也没有。在这种情况之下，陈先生给我一个人"开小灶"式地授课，讲授《营造法式》，实在是一段难得的际遇。

先生教我如何做学问，也教我如何做人。受教陈先生期间，我感受最深的就是上文提到的"教学相长"的深刻内涵。陈先生教给我的主要是研究方法，但同时他也更多地希望与学生一起讨论。在这个交流的过程之中，我受惠很多，也知道了什么叫真正的大师。大师不是所谓的"无所不知，无所不晓"，而恰恰是在教学过程中、在与学生的交流当中获得新的启发和灵感。这些是一般人所不了解的，作为弟子，我则发自内心地感受到陈先生做学问的那种胸襟和大度，也从中领会了"教学相长"堪称是中国最优秀的文化传统之一。这对我以后的教学影响极大。也许只有这样，学问和学术才可能薪火相传下去。我对我的学生也是希望"教学相长"，韩愈《师说》中说过"弟子不必不如师，师不必贤于弟子"，更早的《论语》中则有"温故而知新，可以为师矣"的古训。

在《论语》的另一节中有："子贡曰：贫而无谄，富而无骄，何如？子曰：可也。未若贫而乐，富而好礼者也。子贡曰：诗云'如切如磋，如琢如磨'，其斯之谓与？子曰：赐也，始可与言诗已矣！告诸往而知来者。"这一节与其说是师生在谈贫富，不若说是在谈学问。孔子与子贡师徒间的一番对话从侧面告诉我们，做学问实际上是一个循序渐进、精益求精的过程。而这些都是老师和学生对话当中，学生悟到的东西对孔子的启发，这是中国古代一个非常优秀的文化传统。

在如何做人方面，陈先生谈得不多，但先生自己垂范。

本来陈先生学问已经非常深了，但他给我讲几十年治学的经历，却常常提起其中整个大背景下建筑史学界的一些误区。陈先生认为，所有新的突破和发现都存在于已有的失误当中，所以他一直强调我们应该怎么去发现前人的错误，包括他本人的。只有不断发现、修正以往的失误，一个学科以及从事这项工作的人才能有所突破、有所前进。以陈先生的经历来看，为什么他的《营造法式大木作制度研究》达到了那么高深的境界？这和他的经历不无关系。比如到蓟县独乐寺调查测绘，当年梁先生可能只待了两三天，在拍照和简单的测量后就离开了，剩下的测量和绘图工作都是由陈先生和莫宗江先生等人来完成的。二十世纪四十年代，营造学社在四川李庄为中央博物院筹备处"建筑史料编纂委员会"绘制古建筑模型图，中华人民共和国成立初期制作古建筑模型，工匠们要拿图纸作为中介制作模型，这期间还要与工匠不断地直接沟通和交流，从中又发现了不少问题。这样的经历连梁、刘二先生也没有。所以，陈先生一再强调测绘的重要性，测绘之后在不间断的绘图过程中去理解古代建筑所蕴含的规律。上文提到的"整体概念"，还有一系列尺度规律、比例规律，这都牵涉到建筑的设计方法和设计意匠，没有这样的经验是难以深入的。陈先生多次强调：对建筑实物的观照（包括测绘）应该是多次的，一两次不行，要多次。因为每次测绘不可能达及全部，只有反复地测绘、研究，发现问题之后再去测绘、再去研究，对于一个事物、一座古代建筑的认识和理解才能够深入。陈先生给我讲课的时候，多次强调这一点，陈先生《营造法式大木作制度研究》等诸多成果的取得，就包含了他的这种特殊的经历，而这也对我后来从事清代样式雷图档研究产生过非常重要的影响。

我理解，陈先生反复测绘的过程，也正是在研究工作中不断发现新的问题、不断修正以往失误的过程。这需要严谨的科学态度、坚忍不拔的工作精神和正视自我得失的勇气，这是陈先生的一贯学风，更是陈先生的为人！

在日常生活中，陈先生"坐冷板凳"的精神同样是值得我们钦敬的。二十世纪八十年代以后，随着经济大潮兴起，学术风气却越来越肤浅，因此，陈先生干脆不参加任何活动，任何会议都不参加。只有《文物》杂志创刊三百期纪念、梁思成先生八十五周年诞辰纪念等极个别的活动，他应约写了文章。而他所写内容多涉及一些核心的建筑史学学术建设的观点和看法，不做任何客套、应景。他写那两篇文章，站在学术史的高度总结过去，展望未来，希望后学能"有所发现，有所前进"。

谈及陈先生不介入社会活动，有一个很典型的例子。陈先生晚年几乎彻底失聪，我与他谈话几乎全是笔谈。我就问陈先生为什么不戴个助听器，他很淡然地笑了笑，说了句："我省得心烦。"这就是不受外界干扰，潜心做学问的境界。到后来实际上一直就是这样，陈先生去世以后，我们看到了他的遗稿《〈营造法式〉研究札记》和《〈营造法式〉辞解》，那里面有让人非常感动的东西——先生把自己生命全部的意义都融进学术研究中去了！

陈先生在学术上坚信一个目标：上要继承前人的成果，下要传递给后人，并希望更多的人展开这项工作，也希望我一直坚守学术阵地，甚至是坚持"坐冷板凳"，去研究《营造法式》。后来我对陈先生讲，当时研究《营造法式》的背景和气候并不好，有很多要做的基础工作（譬如说大规模测绘）尚未全面展开。为此，我始终坚持带学生测绘，坚持了二十多年，没有休过一个暑假，至今已拿过两次国家教学成果奖，现正在申报全国精品课程。我们天津大学的古建筑测绘课影响了上千人，他们不一定都成为专家，但至少对古代建筑产生了情感，对他们一生会有影响。

如果我们脚踏实地去把握中国古代建筑师的意匠，一定会发现很多有价值的、对今天也不无启迪的东西。陈先生开了这个头，后边还有很多人要去做。我在这个过程当中，也只是按照这个理念去挖了清代的原物以及原来的真实表达、原来的设计理念，这也令我很庆幸。我觉得在这个过程当中，陈先生最初给我的那种鼓励，是非常非常重要的。二十五年持续不断的研究，带着学生在最热的天气里去爬房顶，上梁去测绘清代建筑，再回来整理档案文献，整理样式雷图，这个"坐冷板凳"的工作，如果没有信仰，那是绝对做不到的。如果陈先生九泉有知，看到我们今天所做的工作，他肯定也会非常开心的。

　　当年陈先生给我授课以后，曾建议我直接从事《营造法式》研究这项工作。我的想法是，以营造学社当时的情况来看，只能把调查的重点限定在唐宋遗构上，而大量的基础工作却是留存至今的清代遗构。清代的档案文献如汪洋大海，整理《清式营造则例》，其基础是《营造算例》，工匠的抄本也就仅是一点点，而中国第一历史档案馆还有分布在其他各个地方的档案馆、图书馆等，如果统计一下每一个工程系统的工程做法（也就是施工文字说明），那规模不知要超过工匠抄本多少倍，可恰恰是这部分在建筑界从来没人触及。我因为发现了这些东西，就义无反顾地投入进去。另外还有一个条件，就是中华人民共和国成立以来发现了更多的宋、辽、金的建筑遗构，但是现在的研究仍然局限在营造学社测绘掌握的那三十几个建筑上头。在没有开展大规模测绘调查之前，研究是很难进行的。我始终没有放弃对此的关注，但是精力有限，我更多地将精力投入清代建筑之中。但我希望我们天津大学的年轻人还要往这个方向投入更大的精力。现在我们想方设法筹集经费，大量的工作实际已经进行多年了，但有待于进一步展开。陈先生在世的时候，多次语重心长地希望我开展这方面的工作，有时候我也是感到力不从心，有时候明显让陈先生感到失望。但陈先生没有责怪我，他知道我在吃苦，在坚持做基础工作。

　　在这方面，陈先生的许多遗愿还没有实现，我们至今仍在努力创造条件去实现，至少让我的学生继续把这个工作做下去。我不相信学术气候永远是被经济大潮冲击或者是被金钱牵着鼻子走的。从这一点来讲，朱桂老，梁、刘二公，陈先生、莫先生等，都为我们树立了做学问的道德典范，而不仅仅是在治学的方法上。这在今天，尤其应该提倡。

　　以上是我面对陈先生这份遗著写下的感言，谨以代序。

学生　王其亨　敬识
2007 年 3 月 31 日
于天津大学